U0179693

本书出版受中国清洁发展机制基金赠款项目

"广西'十三五'应对气候变化规划思路研究"（编号：2014013）资助

应对气候变化研究

Research on Addressing Climate Change

广西策略与路径
Strategies and Paths of Guangxi

尚毛毛　杨鹏／著

社会科学文献出版社
SOCIAL SCIENCES ACADEMIC PRESS (CHINA)

目　录

前　言

　　当前，在人类活动和自然因素的双重影响下，气候状况正经历全球增温、海平面上升、极端气候事件频发等一系列变化，严重影响了人类的生产与生活，已经引起全世界的广泛关注。积极妥善应对气候变化，既是顺应当今世界发展趋势的客观要求，也是我国实现可持续发展的内在需要。作为世界上最大的发展中国家，我国对气候变化问题高度重视。党的十九大对应对气候变化工作提出了新的要求，我国将成为全球生态文明建设的重要参与者、贡献者、引领者，在引导应对气候变化国际合作、应对气候变化挑战方面将有更大作为，与其他国家共同维护好人类赖以生存的地球家园。经济发展进入新常态以来，广西发展环境发生了重大变化，环境承载、资源消耗接近上限，产业结构调整缓慢，能源结构调整艰难，未来应对气候变化工作面临更加严峻的挑战。当务之急，广西要结合国际国内发展形势，瞄准应对重点，锁定发展目标，实施适宜措施，最大限度地控制温室气体排放，全面提升适应气候变化能力，促进试点工程和重点领域建设取得新突破。

　　本书共七章，坚持科学分析、突出重点，从宏观政策和对策应用相结合的角度系统阐释了广西应对气候变化的基础条件、应对现状、面临形势、重点任务和应对策略等。第一章基于自然资源环境和经济社会发展两个维度分析了广西气候变化的应对基础。第二章是广西应对气候变化总体评估，从宏观层面明确了广西应对气候变化的思路和方向。第三章全面分析了广西应对气候变化面临的基本形势，深刻总结并借鉴了国内外应对气候变化的宝贵经验。第四章是广西应对气候变化的总体思路，包括基本原则设定以及应对气候变化指标体系构建，为后续章节提出具体对策提供了思路。第五章是广西应对气候变化的重点领域，提出了减缓温室气体排放的措施和提升应对气候变化能力的重点方向。第六章是广西应对气候变化研究专论，包括广西低碳试点示范建设思路、广西参与全国碳排放权交易市场建设的对策建议以及气候适应型城市试点建设思路。第七章重点对国家层面、省级层面应对气候变化的重点举措进行了综合梳理和归类分析，并据此得出应对气候变化过程中具有规律性和创新性的保障措施。

| 第一章 |

应对基础：基于自然资源环境与
经济社会发展的两维分析

当前，绿色低碳循环已成为新的发展理念，以环境保护倒逼结构优化、确保高质量发展成为新时代经济发展的必然选择和总体趋势。保护环境就是保护生产力，改善环境就是发展生产力，应对气候变化是保护生态环境的关键手段。因此，如何协调气候变化与经济社会发展的关系，建设人与自然和谐相处的现代文明是做好环境保护的基本内容。本章从自然资源环境和经济社会发展两个维度分析，厘清广西目前应对气候变化的基础现状。

第一节　基于自然资源环境维度的分析

广西地处中国南部，位于东经 104°28′~112°04′和北纬 20°54′~26°24′之间。北回归线横贯中部，南临北部湾，与海南省隔海相望，东连广东省，东北接湖南省，西北靠贵州省，西与云南省接壤，西南与越南毗邻，地理位置独特，是我国中西部地区唯一具有沿海、沿江、沿边区位条件的省（自治区、直辖市），是国际陆海贸易新通道的关键节点，是连接中国西部经济腹地、粤港澳大湾区、东盟经济圈的关键接合部。

一 广西地貌特点明显，山地多、平原少，资源多样化

广西地处云贵高原向东南沿海丘陵过渡地带，地势西北高、东南低，四周多山，呈盆地状，有"广西盆地"之称。西北部、北部属云贵高原边缘，东北部属南岭山地西段，山势高峻，平均海拔为1000～1500米。东部、南部、西南部地势较低，以低山丘陵为主，平均海拔在1000米以下。中部地势低，分布有喀斯特溶蚀平原，郁江、浔江沿岸平原，南部分布有南流江、钦江冲积平原。整体具有山地多、平原少、岩溶广布的显著特点，中山、低山和丘陵面积占陆地总面积的77.2%。另外，境内石灰岩地层分布广，占总面积的37.8%。

广西是全国10个重点有色金属产区之一，铝、锰、锡、锑、铟等矿产资源储量位居全国前列。[①] 广西水资源丰富，全区流域集雨面积在50平方公里以上的河流共计1210条，可开发水能资源蕴藏量为1800多万千瓦，居全国第7位。广西南临北部湾，陆地海岸线长约1595公里，岛屿岸线长约605公里。北部湾是我国著名的渔场之一，有着天然优良港群之称。广西拥有丰富的动植物资源，目前已发现陆栖脊椎野生动物929种（含亚种），约占全国总数的43.3%。[②]

二 广西气候类型多变，光热资源较丰富，气象灾害频发

广西属亚热带季风气候区，具有气候温暖、热量丰富，降水丰

---

① 我国有色金属分布不平衡，南方多、北方少，主要集中分布在长江流域。中国的十大有色金属矿产地分别为内蒙古白云鄂博的稀土、甘肃金昌的镍、山东招远的黄金、江西德兴的铜、江西大余的钨、湖南锡矿山的锑、湖南水口山的铅锌矿、云南个旧的锡、广西平果的铝、贵州铜仁的汞。2017年，全国十种有色金属产量达5377.8万吨，同比增长3%。其中，山东十种有色金属产量为870.8万吨，居全国首位；新疆、河南分列第2位和第3位。前10位省份十种有色金属产量占全国总量的76.72%。
② 《广西壮族自治区土地整治规划（2016～2020年）》。

沛、雨热同季、干湿分明，日照丰富、冬少夏多，自然灾害频繁、旱涝突出，以及沿海、山地风能资源丰富等特点。

一是从气候类型来看，夏长冬短。就气候区划而论，广西北半部属中亚热带气候，南半部属南亚热带气候；从地形状况来看，桂北、桂西地区具有山地气候的一般特征，"立体气候"① 较为明显，小气候生态环境多样化。桂南地区具有温暖湿润的海洋气候特点。广西夏长冬短，年均气温为 16℃～23℃。以均温来衡量，北部夏季长达 4～5 个月，冬季仅 2 个月左右。南部从 5 月到 10 月均为夏季，冬季不到 2 个月，沿海地区冬季特征不明显。②

二是从风能来看，区域差异化明显。在大苗山、大明山、十万大山一线以东，以及大瑶山至大容山一线以西的湘桂至黎湛铁路沿线两侧地带，地势较平坦开阔，是冬季风南下和夏季风北上的主要通道，是广西风能资源的高值地带，其中钦州沿海和湘桂走廊资源较为丰富，可以利用风能发电、进行农副产品加工和提水等。大苗山、大明山、十万大山一线以西地区处在云贵高原的东南部，地形较闭塞，风力资源较贫乏，一般无开发利用价值。只有在右江河谷的田阳、田东和都安、那坡等地，由于地形的"狭管效应"③，风能资源具有一定的开发价值。广西风能资源分布见表 1－1。

表 1－1　广西风能资源分布

地带	区域
桂东北风能资源丰富带	与湖南交界的桂东北山区、桂东的都庞岭与萌渚岭交界一带、柳州北部天平山和架桥岭交界一带

① "立体气候"是指一个区域同时分布着从寒带到热带的某些不同类型的气候。
② 从气象学角度来看，入春、入夏、入秋和入冬有实际气温数值标准，分别以 10℃ 和 22℃ 的日平均气温为界，连续 5 日平均气温低于 10℃ 为入冬。http://www.dreams－travel.com/guangxi/Weather.html。
③ 当气流由开阔地带流入地形构成的峡谷时，由于空气质量原因不能大量堆积，于是加速流过峡谷，空气流速加快；当气流流出峡谷时，空气流速会减慢。这种地形构成的峡谷对气流的影响称为"狭管效应"。

续表

地带	区域
桂中风能资源丰富带	西部的凤凰山一带、桂中忻城和柳江一带山区、大明山南段一带山区、桂西中部的六韶山与西大明山一带山区
桂南风能资源丰富带	桂东南大容山一带、钦州与玉林之间的罗阳山、六万大山一带、桂西南十万大山一带、北部湾沿岸和涠洲岛

资料来源：中国天气网，http://www.weather.com.cn/guangxi/zt/tqzt/1616314.shtml；史彩霞、苏志、黄梅丽、刘世学：《广西风能资源总体评价和开发利用建议》，第四届广西青年学术年会论文集（自然科学篇下卷），2007。

三是从光能来看，太阳辐射较强，日照偏少。各地每年太阳总辐射量平均为90～130千卡/平方厘米。右江河谷及其以西地区，梧州、玉林地区东南部，以及十万大山北侧的宁明、上思、南宁等地，年太阳总辐射量在110千卡/平方厘米以上，是广西光能最丰富的地区。桂北山区日照最少，年太阳总辐射量在100千卡/平方厘米以下，而资源、融安、南丹不足90千卡/平方厘米。辐射资源丰富，但日照偏少，对农作物生长发育不利。广西各地年平均日照时数为1300～2250小时。左右江河谷、桂东南和南部沿海年平均日照时数较长，为1800～1940小时；涠洲岛年平均日照时数最长，为2253小时。桂北和桂西北地区的资源、龙胜、三江、南丹、天峨以及桂中地区的金秀，由于冬、春两季阴雨日数较多，年平均日照时数仅1300小时，是全区年平均日照时数最短的地方。

四是从气象灾害来看，气候多变，灾害性天气频发。广西季风进退失常造成降雨和气温变化大，旱涝灾害和"两寒"（倒春寒和寒露风）及台风、冰雹等灾害性天气出现频率高。桂西地区多春旱，出现频率为60%～90%；桂东地区多秋旱，出现频率为50%～70%。广西雨季长、暴雨过于集中，年年发生洪涝灾害，尤其是桂南沿海和融江流域出现频率高。而春、秋两季受北方较强冷空气南下的影响，几乎每年春季出现倒春寒、秋季出现寒露风天气，危害农业生产。每年4～7月，出现大风天气，且影响范围较大、程度较高。此外，桂西地区年年降雹，不利于冬季农作物和果木生产。

三 广西水源途径广阔，水资源总量丰富，年际递增明显

水资源总量是指当地年内降水所形成的地表、地下产水总量，不含过境水量。水资源与气候变化有着紧密的联系，全球的淡水资源都来自大气降水。地表上江、河、湖、水库中的水资源来自大气降水，地下水和土壤含水的补给依赖于大气降水，甚至地表的冰川和永久雪盖也源自千万年前的大气降水。广西山丘区浅层地下产水量为河川基流量，是重复计算量，广西地表水资源量加上平原区地下水资源量即水资源总量。2017 年广西水资源总量为 2388 亿立方米，从 1997～2017 年广西降水量、水资源总量变化情况可以看出，1997 年、1998 年、2001 年、2002 年、2008 年、2012 年、2013 年、2015 年、2017 年降水量明显大于多年平均降水量，2000 年、2003 年、2004 年、2005 年、2007 年、2009 年、2011 年降水量明显小于多年平均降水量，其他年份降水量基本接近多年平均降水量。水资源总量的年际变化情况与降水量的年际变化情况基本一致（见图 1–1）。

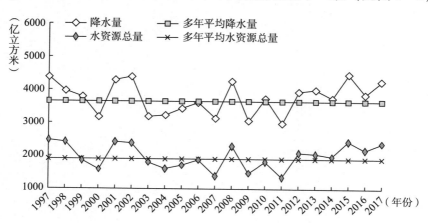

图 1－1　1997～2017 年广西降水量、水资源总量变化情况

资料来源：《2017 年广西壮族自治区水资源公报》。

一是从降雨量来看，雨热资源丰富，且雨热同季。广西年降雨

量为 1000~2800 毫米, 尤以防城港市东兴市最多, 达 2822.7 毫米; 降雨量最少的是田阳县, 为 1100 毫米左右。降雨量和热量资源分布大体上是由北向南逐渐增多。4~9 月降雨量占年降雨量的 75%, 雨季恰好与热季重叠。雨热同季, 有利于农业生产。2017 年广西降水量为 1806 毫米, 折合降水总量为 4273 亿立方米, 比上年偏多 10.7%, 比多年平均值偏多 17.5%。从行政分区看, 与上年相比, 各市降水量变化幅度为 -21.5%~51.1%, 其中贺州、玉林、桂林 3 个市降水量有所减少, 梧州不变, 其余 10 个市有所增加。与多年平均值相比, 各市降水量变化幅度为 1.8%~31.2%。2017 年, 降水量最低的为崇左, 仅 1451 毫米, 柳州、玉林、河池、桂林、北海、钦州、防城港 7 个市降水量均高于广西平均值, 其中北海、钦州、防城港 3 个市降水量高于 2000 毫米 (见表 1-2)。

表 1-2　2017 年广西行政分区降水量与上年和多年平均值比较

行政分区	降水量 (毫米)	与上年比较 (%)	与多年平均值比较 (%)
南宁	1635	9.2	17.6
柳州	1873	3.0	12.9
桂林	1954	-3.7	11.3
梧州	1715	0	10.7
北海	2059	15.4	23.1
防城港	2631	20.1	18.1
钦州	2104	3.5	19.2
贵港	1782	1.3	16.6
玉林	1889	-4.5	11.6
百色	1605	51.1	23.8
贺州	1712	-21.5	1.8
河池	1947	31.7	31.2
来宾	1774	11.2	23.6
崇左	1451	16.1	11.2
广西	1806	10.7	17.5

资料来源:《2017 年广西壮族自治区水资源公报》。

二是从地表水来看，地表水资源量与降水量分布基本一致。2017 年广西地表水资源量为 2386 亿立方米，折合径流深 1008 毫米（见表 1-3），径流系数为 0.56，比上年偏多 9.6%，比多年平均值偏多 26.1%，属丰水年份。主要水文代表站汛期径流量占年径流量的 67.2% ~89.8%，其中柳江柳州水文站汛期径流量占比最大，红水河天峨水文站汛期径流量占比最小。各主要河流连续最大 4 个月径流量均占年径流量的 48.8% 以上。各条河流连续最大 4 个月径流量出现的时段不一样，湘江出现在 4~7 月，桂江、柳江出现在 5~8 月，西江出现在 6~9 月，郁江、红水河出现时间较晚，在 7~10 月。①

表 1-3　2017 年广西水资源分区降水量及水资源量情况

水资源分区	降水量（毫米）	降水总量（亿立方米）	地表水资源量（亿立方米）	折合径流深（毫米）	地下水资源量（亿立方米）			水资源总量（亿立方米）
					总量	其中		
						地下水资源重复计算量	地下水资源非重复计算量	
资水	1971	27.1	19.6	1428	5.43	5.43	0	19.6
湘江	1728	121	86.5	1231	17.7	17.7	0	86.5
南盘江	1357	75.3	29.4	530	5.05	5.05	0	29.4
红水河	1860	717	392	1018	64.4	64.4	0	392
柳江	1948	819	552	1313	67.2	67.2	0	552
右江	1633	498	219	718	41.3	41.3	0	219
左郁江	1566	588	260	692	62.6	62.6	0	260
桂贺江	1807	479	309	1164	54.1	54.1	0	309
黔浔江	1769	378	211	988	52.5	52.5	0	211
北江	1757	0.65	0.33	892	0.10	0.10	0	0.33

---

① 数据来源于《2017 年广西壮族自治区水资源公报》。

续表

水资源分区	降水量（毫米）	降水总量（亿立方米）	地表水资源量（亿立方米）	折合径流深（毫米）	地下水资源量（亿立方米）			水资源总量（亿立方米）
					总量	其中		
						地下水资源重复计算量	地下水资源非重复计算量	
粤西诸河	2016	41.8	23.9	1154	4.30	4.30	0	23.9
桂南诸河	2235	499	268	1202	70.1	68.1	1.99	270
盘龙江	1621	28.5	15.0	851	1.77	1.77	0	15.0
广西	1806	4273	2386	1008	447	445	1.99	2388

资料来源：《2017 年广西壮族自治区水资源公报》。

三是从浅层地下水资源来看，数量较为稳定。浅层地下水对应对气候变化具有一定的调节作用，能够有效缓解恶劣天气对水资源的破坏。除北海平原区外，广西大部分地区属山丘区，岩溶地貌较复杂，地表水与地下水相互转化，枯水期河川径流量主要由地下径流补给，且数量比较稳定，河川基流量基本等于浅层地下水资源量。2017 年，山丘区浅层地下水资源重复计算量为 445 亿立方米，用下渗系数法计算北海平原区地下水资源非重复计算量为 1.99 亿立方米，全年地下水资源总量约为 447 亿立方米，比上年偏少 15.6%，比多年平均值偏少 2.2%。

四 广西土地潜能巨大，土壤资源较丰富，可利用程度高

一是从土地利用现状来看，截至 2017 年底，全区土地总面积为 2376.3 万公顷。其中，耕地面积为 438.92 万公顷，占土地总面积的 18.47%；园地面积为 108.5 万公顷，占土地总面积的 4.56%；林地面积为 1330.1 万公顷，占土地总面积的 56.01%；草地面积为 111.1 万公顷，占土地总面积的 4.68%；城镇村及工矿用地面积为 90.3 万公顷，占土地总面积的 3.80%；交通运输用地面积为 28.9 万公顷，占土地总面积的 1.22%；水域及水利设施用地面积为 86.1 万公顷，

占土地总面积的 3.62%；其他土地面积为 180.2 万公顷，占土地总面积的 7.58%。在耕地面积中，水田面积为 195.5 万公顷，占耕地总面积的 44.42%；水浇地面积为 0.33 万公顷，占耕地总面积的 0.08%；旱地面积为 244.4 万公顷，占耕地总面积的 55.5%。[①]

二是从土壤资源来看，广西土壤分为 18 个土类 34 个亚类 109 个土属 327 个土种。土壤水平分布自南向北为砖红壤、赤红壤、红壤，按海拔从低到高垂直分布，北部地区为红壤、山地红壤、山地黄壤、山地黄棕壤、山地矮林草甸土，南部地区为赤红壤（或砖红壤）、山地赤红壤、红壤、黄壤。广西地方性土壤主要有石灰土和紫色土。石灰土主要分布于桂西、桂东北、桂中的岩溶地区，紫色土主要分布于邕江、郁江一线以南，海拔 250 米以下的低丘地区（见表 1-4）。

表 1-4 不同地带代表性的山地和土壤带谱

地带	山地	土壤带谱
中亚热带	猫儿山	700 米以下为红壤，700~1400 米为山地黄壤，1400~1800 米为山地黄棕壤，1800 米以上为山地矮林草甸土
南亚热带	大明山	500 米以下为红壤，500~800 米为山地红壤，800~1400 米为山地黄壤，1400 米以上为山地矮林草甸土
北热带	十万大山北坡	300 米以下为砖红壤或赤红壤，300~700 米为山地红壤，700~1200 米为山地黄壤，1200 米以上为山地矮林草甸土

资料来源：蔡惠民：《广西地区土壤分布的垂直带谱》，《土壤学报》1966 年第 7 期。

五 广西植被类型丰富，珍贵品种多样，保护成效显著

广西天然植被分为 5 个植被型组 18 个植被型，栽培植被分为 3 个植被型组 11 个植被型。在人工林中，最主要的木本植被是马尾松

---

① 相关数据来源于《广西壮族自治区土地整治规划（2016~2020 年）》，尽管 2016 年数据统计不全面且存在偏误，但本报告暂以该规划数据为依据。

林，其次是杉木林、桉树林、毛竹林、经济林、果木林等。广西森林植被具有明显的南亚热带和中亚热带性质，地带性植被为南亚热带沟谷雨林、南亚热带季雨林、中亚热带常绿阔叶林。受人为活动影响，地带性植被已存留不多。现状植被中各类次生性植被占绝对优势，主要有红树林、沟谷雨林、季雨林、落叶阔叶林、常绿阔叶林、落叶阔叶与常绿阔叶混交林、针叶林、温性针阔叶混交林、竹林、灌丛和灌草丛等。隐域性植被有石灰岩季雨林，石灰岩常绿、落叶阔叶混交林，沟谷雨林。前两类森林由于受到不同程度的破坏，是广西封山育林保护的主要对象。丰富的森林植被可以增加森林碳汇①资源，碳汇有助于减少二氧化碳的排放，从而达到改善气候的目的。

第二节　基于经济社会发展维度的分析

广西区域内聚居壮族、汉族、瑶族、苗族、侗族、仫佬族、毛南族、回族、京族、彝族、水族、仡佬族等民族，2017 年末，全区常住人口为 4885 万人，同比增长 0.97%。从城乡结构看，城镇常住人口为 2404 万人，农村常住人口为 2481 万人。改革开放以来，广西经济社会发展取得了显著成就，呈现经济快速发展、社会和谐稳定、民族团结和睦、边疆巩固安宁、人民安居乐业的大好局面。特别是"十五"以来，广西紧紧抓住国家实施西部大开发战略、中国 – 东盟自由贸易区建设、国际国内产业转移等多重历史性机遇，发挥区

---

① "碳汇"一词来源于《联合国气候变化框架公约》缔约国签订的《京都议定书》，该议定书于 2005 年 2 月 16 日正式生效，由此形成了国际"碳排放权交易制度"（简称碳汇）。通过对陆地生态系统的有效管理来提升固碳潜力，所取得的成效可以抵消相关国家的碳减排份额。碳汇一般是指从空气中清除二氧化碳的过程、活动、机制。通俗地说，森林碳汇主要是指森林吸收并储存二氧化碳的多少，或者说森林吸收并储存二氧化碳的能力。有资料说，森林面积虽然只占陆地总面积的 1/3，但森林植被区的碳储量几乎占到了陆地碳库总量的一半。所以，森林之所以重要，是因为它与气候变化有着直接的联系。树木通过光合作用吸收了大气中大量的二氧化碳，减缓了温室效应。

位优势和资源优势，加强基础设施建设，加快发展特色产业，发展步伐不断加快，经济持续较快增长，综合实力大幅提升，发展基础不断夯实，开放水平显著提高，民生福祉稳步提升，创造美好生活、建设壮美广西的基础更加牢固，条件更加成熟。

一 经济总量跨越新台阶，为应对气候变化奠定了坚实基础

当前，广西经济发展进入新常态，经济增长放缓趋势明显。从具体指标来看，广西 GDP 由 2012 年的 13090.04 亿元增加到 2017 年的 20396.25 亿元，年均增长 9.3%。2012 年广西人均 GDP 为 28069元，2013 年突破 30000 元达到 30873 元，2014 年为 33237 元，首次突破 5000 美元大关，2017 年为 42158 元，是 2012 年的 1.5 倍。2012 ~ 2017 年，全区人均 GDP 年均增长 8.5%。财政收入持续增加。2012 年全区财政收入为 1810.14 亿元，2013 年突破 2000 亿元达到2001.26 亿元，2017 年为 2604.21 亿元，是 2012 年的 1.4 倍。2012 ~2017 年，全区财政收入年均增长 7.5%。2017 年全区居民人均可支配收入为 19905 元，按常住地分，城镇居民人均可支配收入为 30502元，比上年名义增长 7.7%；农村居民人均纯收入为 11325 元，比上年名义增长 9.3%。城乡居民人均收入倍差为 2.69，比上年缩小0.04（见表 1 – 5）。① 广西经济总量实现新的跨越，为应对气候变化奠定了坚实的基础。

表 1 – 5 广西经济社会发展主要指标进展情况

指标名称	计量单位	2017 年	2016 年	2012 年	2012 ~ 2017 年年均增速（%）
GDP	亿元	20396.25	18317.64	13090.04	9.3
第一产业增加值	亿元	2906.87	2796.80	2172.37	6.0

---

① 相关数据参考《广西壮族自治区政府工作报告》（2018 年 1 月）和《关于广西壮族自治区2017 年国民经济和社会发展计划执行情况与 2018 年国民经济和社会发展计划草案的报告》。

续表

指标名称	计量单位	2017 年	2016 年	2012 年	2012~2017 年年均增速（%）
第二产业增加值	亿元	9297.84	8273.66	6287.19	8.1
工业增加值	亿元	7663.71	6816.64	5318.97	7.6
第三产业增加值	亿元	8191.54	7247.18	4630.48	12.1
人均 GDP	元	42158	38027	28069	8.5
三次产业结构	—	14∶46∶40	15∶45∶40	17∶48∶35	—
财政收入	亿元	2604.21	2454.08	1810.14	7.5
金融机构各项存款余额	亿元	27899.64	25477.80	15966.65	11.8
金融机构各项贷款余额	亿元	23226.14	20640.54	12355.52	13.5
外贸进出口总额	亿元	3866.34	478.97	294.74	67.3
全社会固定资产投资总额	亿元	19908.27	18236.78	12635.22	9.5
社会消费品零售总额	亿元	7813.03	7027.31	4516.60	11.6
城镇居民人均可支配收入	元	30502	28324	21243	7.5
农村居民人均纯收入	元	11325	10359	6008	13.5

资料来源：《广西统计年鉴 2013》《广西统计年鉴 2018》《2017 年广西国民经济和社会发展统计公报》。

二 产业结构调整持续优化，缓解了应对气候变化压力

产业结构继续深入调整。全区三次产业结构由 2012 年的 17∶48∶35 调整为 2017 年的 14∶46∶40。有色金属、钢铁、建材、食品加工等传统优势产业链进一步延伸，产品附加值和科技含量显著提高。旅游、金融、会展、物流、健康养生等新兴服务业发展势头良好。特色优势农业进一步发展壮大，粮食安全得到有效保障，主要农产品供给能力进一步增强。2017 年，全区第一产业增加值为 2906.87 亿元。首批 20 个现代特色农业核心示范区建设产生良好效应，龙头企业培育、特色现代农业基地建设等步伐加快。糖料蔗、蚕茧、木薯、速丰林、水牛奶等产品产量稳居全国首位。

新型工业化进程加快推进。2017 年广西实现工业增加值 7663.71 亿元，初步形成了食品、汽车、冶金、石化、机械、建材、电力、

有色金属、造纸与木材加工、电子信息10个千亿元级产业，食品产业突破3000亿元规模，"两高"① 项目得到控制，工业增加值能耗进一步降低，传统优势产业"二次创业"② 步伐加快（见表1-6）。服务业加快发展，新兴服务业方兴未艾。2017年第三产业增加值为8191.54亿元，金融保险、房地产、信息咨询、电子商务、现代物流、旅游等现代服务业加快发展，显著提高了服务业的整体质量和发展水平。三次产业结构不断优化调整，特别是工业领域高碳行业所占比例进一步下降，缓解了广西应对气候变化的压力。

表1-6　2017年分地区规模以上工业增加值能耗

单位：万吨标准煤，%

地区	综合能源消费量（当量值）			工业增加值能耗
	本期	上年同期	同比增长	同比增长
南宁	469.23	470.61	-0.29	-9.28
柳州	1091.72	1062.94	2.71	-1.90
桂林	268.98	299.17	-10.09	-8.72
梧州	170.22	168.04	1.30	-4.26
北海	341.15	295.97	15.27	3.01
防城港	624.77	558.48	11.87	5.04
钦州	481.38	416.01	15.71	2.58
贵港	520.65	518.31	0.45	-10.47
玉林	255.54	253.97	0.62	-7.09
百色	1001.78	834.45	20.05	9.04
贺州	156.12	209.29	-25.40	-22.46

① "两高"即高污染高耗能产业，是指对环境污染严重、能源消耗很高的产业。这种产业往往以牺牲环境资源获得自身的成长，在全球倡导绿色经济的大环境下，越来越不能适应经济社会的发展。

② 2016年以来广西积极推进实施糖业、铝业、机械和冶金等产业"二次创业"，重点通过降低生产成本、推动战略重组、延伸产业链条、提升企业竞争力等，加快提升传统产业竞争优势，打造广西产业升级版。

地区	综合能源消费量（当量值）			工业增加值能耗
	本期	上年同期	同比增长	同比增长
河池	139.20	134.56	3.45	-5.27
来宾	278.83	338.53	-17.64	-22.22
崇左	354.89	343.32	3.37	-6.71
广西	6148.87	5929.64	3.70	-3.18

资料来源：根据《广西统计年鉴2018》数据整理计算。

三 节能减排和生态文明建设步伐加快，推动了应对气候变化进程

"十二五"以来，广西节能减排攻坚战、以环境倒逼机制推动产业转型升级攻坚战等取得阶段性成果，有效实施了制糖、造纸、水泥、火电、钢铁、冶炼、酒精、淀粉等重点行业企业节能减排工程。其中，2012~2017年，广西万元GDP能耗分别下降4.3%、3.2%、3.7%、5.1%、3.6%和3.4%，化学需氧量、二氧化硫排放量大幅减少，氨氮和氮氧化物减排控制在国家许可范围内。城镇污水集中处理率、生活垃圾无害化处理率分别由2012年的85.1%、88.6%提高到2017年的93.6%和99.3%。"绿满八桂"造林绿化、"北部湾绿色生态屏障"和"西江千里绿色走廊"等工程全面实施，山区生态林、珠江防护林、沿海防护林、自然保护区、湿地生态系统建设深入推进，天然林保护、退耕还林等成果进一步巩固。2017年，全区森林蓄积量达7.75亿立方米，比2012年增加1.42亿立方米，森林覆盖率达62.3%，比2012年提高0.9个百分点，森林植被碳储量超过3.9亿吨标准煤。国家级生态示范区数量增至22个，建成自然保护区78个，其中国家级自然保护区22个。在监测的14个城市中，空气质量均达到二级及以上标准。"美丽广西"乡村建设取得重要成果，乡村环境得到显著改善，乡村点、线、片环境面貌全面改

善。节能减排和生态文明建设的进一步推进，有效助力广西应对气候变化进程加快。

四 能源等基础设施建设日趋完善，为应对气候变化提供了有力保障

"十二五"以来，广西不断加强能源、交通等基础设施建设，为应对气候变化提供了更加有力的基础保障。2017 年，广西固定资产投资（不含农户）达到 19908.27 亿元，比上年增长 12.8%，高技术产业投资比上年增长 17.6%，其中高技术制造业投资增长 32.5%，能源、水利、市政等基础设施条件显著改善。一批新能源项目纷纷落地，太阳能光伏扶贫项目大力推进，防城港红沙核电站一期工程投产。开工建设大藤峡水利枢纽等重大工程，长洲水利枢纽三、四线船闸以及老口枢纽船闸建成通航。国家西气东输二线工程广西段支干线实现通气，中缅天然气管道干线（广西段）建成投产，县县通天然气工程全面启动。城镇基础设施和公共服务配套设施不断完善。交通运输体系加速提档升级，运输效率不断提高，交通结构不断优化，全社会交通运行能耗稳步下降，为应对气候变化提供了更大的空间。"高速县县通、高铁市市通、民航片片通、内河条条通"建设步伐加快，高铁建设实现历史性突破，成为全国首个开行高铁的少数民族自治区，高铁贯通区内 12 个市，通达全国 16 个省（自治区、直辖市），运营里程达 1751 公里，"12310"[①]高铁经济圈初步形成。高新技术产业、清洁能源等相关基础设施的不断完善，进一步减少了温室气体的排放，从而缓解了应对气候变化的压力。

---

① "12310" 即 1 小时通达南宁周边城市，2 小时通达广西境内其他设区市，3 小时通达周边省会城市，10 小时左右通达国内主要中心城市。

五 对外开放和区域协调发展，促进了应对气候变化合作交流

"十二五"以来，广西深入落实国家赋予的开放发展的新定位新使命，在参与"一带一路"建设、打造面向东盟开放发展的新枢纽新门户、建设西南中南地区开放发展新的战略支点中取得了新进展。

一是以东盟为重点的开放合作不断深化。中国－东盟博览会、中国－东盟商务与投资峰会等的影响力不断扩大，中马钦州产业园、马中关丹产业园等"两国双园"新模式成为中外经贸合作的典范，东盟连续16年成为广西最大的合作伙伴。2017年，全区外贸进出口额达到3866.34亿元。从贸易伙伴看，与东盟的双边贸易额为1893.85亿元，比上年增长3.7%；与美国的双边贸易额为285.86亿元，比上年增长54.5%；与欧盟的双边贸易额为143.58亿元，比上年增长49.0%。从出口商品看，机电产品出口793.93亿元，比上年增长31.8%；高新技术产品出口315.33亿元，比上年增长40.6%；农产品出口135.46亿元，比上年增长4.3%。

二是区域协调发展形成新格局。北部湾经济区四市经济增速明显高于全区平均水平，GDP从2012年的4268.59亿元增加到2017年的7400.11亿元，占全区的比重从32.6%提高到36.3%。珠江－西江经济带发展上升为国家战略，西江黄金水道建成并发挥作用，《粤桂合作特别试验区总体发展规划》全面实施，粤桂经济一体化迈出实质性步伐，桂东承接产业转移示范区建设步伐加快。2017年，珠江－西江经济带广西七市GDP达12227.83亿元，占全区的比重为60%。2018年以来，广西积极推进北钦防一体化发展和南宁强首府建设，强化和提升北部湾经济区协调发展能力与辐射带动能力。

三是西部陆海新通道建设步伐加快。广西与新加坡已签署推进南向通道建设合作备忘录。与新加坡太平船务有限公司共建的中新南宁国际物流园项目已于2017年9月正式启动。2018年以来，为加

快构建"南向、北联、东融、西合"全方位开放新格局，大力推动西部陆海新通道建设，广西出台了一系列政策，支持一批通道重大基础设施项目规划建设，并取得了积极进展。目前，广西与重庆合资成立了南向通道运营平台公司，重庆至广西北部湾港海铁联运进入常态化运营。截至 2018 年 12 月 23 日，陆海新通道海铁联运班列已开行联通西部六省份的 8 条班列线路，分别为北部湾港至重庆、成都、昆明、贵阳、兰州、宜宾、泸州、自贡，年内开行班列已达 1108 列，发运集装箱超过 5.5 万标准箱。广西将以打造多式联运体系为突破口，全面加快中新互联互通示范项目"国际陆海贸易新通道"建设。对外开放和区域协调发展为广西加快应对气候变化开展合作交流奠定了基础。

综上，从自然资源环境和经济社会发展两个维度的分析来看，二者都对应对气候变化产生了重要的影响，而经济社会发展与自然资源环境之间的关系，归根到底是人与自然的关系。解决环境问题，其本质就是如何处理好人与自然、人与人、经济发展与环境保护的关系问题。

一是自然资源环境能够对气候变化起到调节和减缓的作用。近年来，气候的不断恶化对自然生态系统造成了很大的影响，导致气候变暖、洪涝、干旱、飓风等气象灾害频发，造成原生态系统内生物多样性的重大损失。广西地处中国南疆，自然资源环境基础相较于北方而言是好的，也正是因为有较好的自然资源环境基础，广西的生活生态环境空间较大，受气候变化的影响较小。未来必须保护好自然资源环境，保护好碧水蓝天，才能更好地应对气候变化。

二是经济社会发展对气候变化具有显著的影响。经济发展的过程中会对环境造成破坏，在经济发展的起步阶段和中期阶段，往往会选择牺牲环境换取经济发展，特别是在工业化过程中，废水、废气和生活垃圾、化石能源等导致二氧化碳排放增加的因素增多，会严重破坏大气环境。然而，经济发展也会带来科技的发展进步、清洁能源的高效利用和生活环境的改善优化，通过技术创新可以改善现有的生活环境，提高大气环境质量。未来广西应围绕国家提出的绿色发展理念，不断提高科技创新水平，发展绿色循环低碳经济，降低化石能源，特别是煤、石油的使用量，研究清洁可替代的新能源，减少温室气体排放，缓解应对气候变化的压力，使"绿水青山"变成"金山银山"。

第三节　碳排放对气候变化影响因素分析

当前，新一轮科技革命和产业变革蓄势待发，能源技术革命方兴未艾。广西正处于工业化和城镇化建设的关键阶段和加快转变经济发展方式、促进绿色循环低碳发展、实现高质量发展的战略机遇期，能源供求格局正在发生深刻调整，应对气候变化工作面临新形势、新任务和新要求。"十三五"时期特别是美国退出《巴黎协定》[①]以来，广西要与全国一样，在复杂多变的国际环境下，坚持围绕经济发展大局和绿色发展理念，开展应对气候变化工作，着力减缓温室气体排放和开展适应气候变化工作，努力营造"三大生态"，奋力实现"两个建成"。

一　碳排放对气候变化的影响

正如前文所述，多数科学家和政府认为碳是温室气体的主要来源，这里所讲的碳排放事实上就是温室气体排放，温室效应产生的一大主因就是二氧化碳的过度排放。温室气体的增加，增强了温室效应，而二氧化碳是数量最多的温室气体。当前，地表向外释放出

---

① 2017 年 6 月 1 日，特朗普宣布将终止执行《巴黎协定》的所有条款。他认为，《巴黎协定》是伤害美国的范本，牺牲了美国的就业，美国财富被"大规模地重新分配"。

的长波热辐天然气燃烧产生的二氧化碳远远超过了过去的水平。另外，人们对森林乱砍滥伐，大量农田建成城市和工厂，破坏了植被，弱化了将二氧化碳转化为有机物的条件。再加上地表水域逐渐缩小，降水量大幅减少，弱化了吸收溶解二氧化碳的条件，破坏了二氧化碳生成与转化的动态平衡，使大气中的二氧化碳含量逐年增加。空气中二氧化碳含量的增加，使地球气温发生了变化。碳排放对气候变化的影响主要有以下几个方面。

一是对农业发展的影响。碳的过度排放导致气温和降水的分布在地理位置和时间上呈现不均匀态势，造成农业生产不稳定、不确定性因素增多，经济作物产量波动较大，极端天气事件对农业生产、经营形成较大压力，气候灾害造成的农作物受灾面积、受灾人口和直接经济损失没有得到明显改善（见图1-2）。

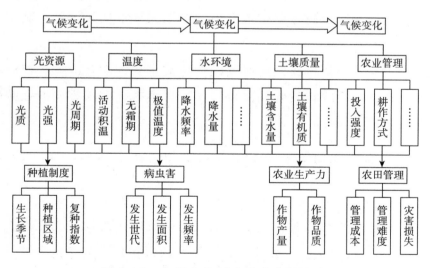

图1-2 气候变化对农业生产的影响

二是对生态环境的影响。广西生态环境脆弱，极易受气候变化影响，自然灾害频繁、森林植被质量下降、生物多样性受损、水土流失和石漠化等问题突出。桂北、桂中和桂西南地区喀斯特森林生态系统对气候变化尤其敏感。碳的过度排放对野生动植物的分布结构及种类组成造成较大影响，物种栖息地质量下降，极端天气灾害导致大量物种死亡，影响野生动植物种群稳定。

三是对海平面的影响。碳排放影响海平面变化，平均上升速率为3.3毫米/年，造成海岸线后退、土地流失严重。近年来，广西沿海异常大潮等灾害次数有所增加，海洋灾害造成的损失呈增大趋势，滨海湿地、红树林和珊瑚礁等典型生态系统损害程度提高。随着海平面的上升，陆源水土流失，广西沿海80%以上的海草床已经消失，成为濒危的典型海洋生态系统。

四是对海洋渔业和旅游业的影响。碳排放引起海水温度升高后，可养殖海域面积减少，经济鱼类的产量和渔获量均有不同程度的下降，影响了海洋捕捞和养殖的单产与效益。广西属于沿海地区，丘陵山地众多，大部分景区以生态环境和物种多样性为特色，极易受天气变化影响，碳的过度排放会引起极端天气事件频发，对旅游业发展造成直接影响。

总的来看，碳排放是造成气候变化的主要因素，因此，控制碳排放就成为应对气候变化的主要工作，后续将针对碳排放的影响因素进行研究分析。

二　基于主成分分析法的碳排放影响因素分析

本部分主要采用具有客观性和定量性特征的主成分分析法研究影响广西碳排放的各项因素。根据联合国政府间气候变化专门委员会（IPCC）的假定，一般认为各类能源的碳排放系数稳定不变。一次能源分类中的水电、核电和其他能源发电，在使用过程中被视为无碳排放，因此将产生碳排放的能源消费划分为煤炭、石油和天然气三类。

（一）碳排放现状

在计算碳排放量时，采用三类能源消费总量分别乘以各自的碳排放系数，计算公式如下：

$$C = \Sigma E_i \cdot F_i$$

其中，C 为碳排放量，E_i 为各类能源的消费总量，F_i 为能源 i 的碳排放系数。美国能源经济与金融分析研究所、联合国政府间气候变化专门委员会、美国能源部、美国能源情报局等都公布了三类能源的碳排放系数，考虑到中国的科研机构更熟悉本国的国情，选取国家发改委能源研究所公布的碳排放系数，具体数值为：煤炭，0.7476 万吨二氧化碳/万吨标准煤；石油，0.5825 万吨二氧化碳/万吨标准煤；天然气，0.4435 万吨二氧化碳/万吨标准煤；水电和核电，0。根据前文的公式和历年《广西统计年鉴》的相关数据，计算得到 1978～2016 年广西的碳排放量。[1]

（二）碳排放影响因素

一是经济增长对碳排放的影响。碳排放在不同经济发展阶段与经济增长的关系有所不同。在工业化之前，由于农业比重较高，对能源需求较小，经济发展水平较低，碳排放水平也较低。在工业化前中期，由于基础设施建设需要大量的高耗能产品，碳排放量也随之增加。在工业化后期，经济增长更多地依靠高新技术和第三产业来推动，碳排放量增速有所放缓。总的来看，经济发展阶段与碳排放之间大体呈现"倒 U"形曲线关系。

从发达国家的发展历程可以看出，工业化国家经济发展与碳排放的关系一般都需要经历碳排放强度、人均碳排放量和碳排放总量三个"倒 U"形曲线关系。当一个国家处于"倒 U"形曲线左侧的爬升阶段时，经济增长不可避免地带来二氧化碳排放量的增加，该国处于经济增长和二氧化碳排放量增加的两难困境中。当一个国家

---

① 彭浩：《基于主成分分析的广西碳排放影响因素实证研究》，《浙江农业科学》2017 年第10 期。

处于"倒 U"形曲线右侧的下降阶段时,该国就会走出困境,在经济增长的同时二氧化碳排放量减少。我国目前正处于"倒 U"形曲线左侧的爬升阶段。中国的人均 GDP 由 1990 年的 1644 元增加到 2017 年的 59261 元,与此同时,人均二氧化碳排放量由 1990 年的 2.1488 吨增加到 2015 年的 6.5 吨左右。广西仍处于后发展、欠发达阶段,虽然进入新常态以来,经济增速出现了明显回落,但广西仍要保持较快的增长趋势才能实现跨越式发展。因此,在未来的发展过程中,经济增长仍然是影响广西碳排放的重要因素。

二是固定资产投资对碳排放的影响。在经济发展过程中,固定资产投资必不可少。但如果对固定资产投资进行科学合理的规划,就可减少或避免低水平建设和重复建设,即可在保证经济发展的同时减少碳排放。从现实来看,低水平建设和重复建设是造成落后产能、低效产能、重复产能的关键,但对此问题目前还难以进行准确的定量分析。

三是工业化对碳排放的影响。进入 21 世纪以来,我国工业经济快速发展,总体实力不断增强,工业在国民经济中的主导地位进一步提升。工业生产保持高速增长态势,2017 年广西工业增加值达到 7663.71 亿元,比上年增长 6.8% (见图 1-3)。工业沿着经济增长的上升轨道稳步前行。经济进入新常态之前,我国工业经济总体规模不断扩大,各项经济指标快速增长,产品产量增长迅猛。工业对 GDP 的贡献率始终保持在 40% 以上,2010 年更是达到了 49.2%。经济进入新常态以来,工业增速缓慢下滑,但仍处于高位。二氧化碳排放和工业化之间存在较强的相关关系,《IPCC 第四次评估报告》指出,自 20 世纪中叶以来,大部分已观测到的全球平均气温升高很可能是人为温室气体排放引起的。工业的快速发展加速了对能源的需求,特别是对化石燃料的需求,正是化石燃料的使用致使排放了大量的温室气体,尤其是二氧化碳,这是全球气候变暖的最关键原因。广西自 2010 年进入工业化中期以来，工业化呈现较快发展态势，工业化发展带来的是大量的碳排放，在这一阶段碳排放量快速上升，工业化在整个经济发展的过程中无法避免，因此所产生的碳排放只能靠技术进步、增加碳汇等方法加以控制。

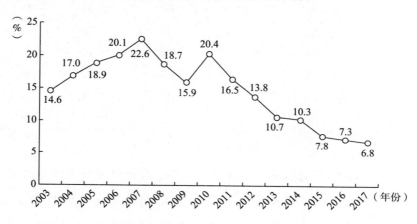

图 1 - 3　2003~2017 年广西工业增加值同比增速

注：工业增加值增速按可比价计算。

　　四是城镇化对碳排放的影响。改革开放以后，我国逐步放开了对人口流动的控制，大量农村人口流向了城镇，同时也推动了城镇化进程。但由于长期以来我国的城镇化水平滞后于经济社会发展水平和工业化水平，因此进展相对缓慢。我国城镇化率从 1980 年的 19.39% 上升到 2017 年的 58.52%（见表 1 - 7），按照国际通行的标准，我国目前正处于城镇化中期加速阶段。此外，我国城镇人均生活用能水平明显高于全国平均水平，更是高于农村。尽管自 2002 年以来农村人均生活用能水平逐年提高，但仍与城镇存在较大差距，这说明在满足生活所需能源消费方面城镇需求远远大于农村，必然会带来更多的二氧化碳排放。广西与全国的城镇化发展趋势基本一致，城镇化率超过 30% 后开始进入快速通道，广西 2015 年的城镇化率才达到全国 2008 年的水平，城镇化进程滞后 7 年，说明广西城镇化发展还有很大的空间，推进城镇化所带来的碳排放也将随之增加。

表 1 - 7　2004～2017 年全国城镇化率与广西城镇化率对比

单位：%

年份	全国	广西	年份	全国	广西
2004	41.76	30.0	2011	51.27	41.8
2005	42.99	33.6	2012	52.57	43.5
2006	44.34	34.6	2013	53.73	44.8
2007	45.89	36.2	2014	54.77	46.1
2008	46.99	38.2	2015	56.10	47.1
2009	48.34	39.2	2016	57.35	48.1
2010	49.95	40.1	2017	58.52	49.2

资料来源：相关年份《广西统计年鉴》《中国统计年鉴》。

五是人口增长对碳排放的影响。当各国经济水平相近时，生产活动和生活服务所需的碳排放空间及能源消费量在很大程度上是由人口规模决定的。人口因素会从两个方面引起温室气体增加：一方面，人口规模的增长会导致能源消费量增加，进而带来温室气体排放量增加；另一方面，人口增长带来的居住需求会引起大规模的耕地、林地减少，从而造成碳汇减少，使温室气体大量增加。改革开放以来，随着经济社会的持续快速发展，广西步入人口平稳增长阶段，城镇化步伐加快。全面二孩政策的放开，会逐步影响广西人口的生育结构，从而进一步影响人口出生比例，人口的缓慢增长会对广西碳排放产生持续性影响，如购车消费、用能消费等都将对碳排放产生增量性影响。

六是技术进步对碳排放的影响。根据内生增长理论，技术进步一方面会提高资源利用率，另一方面会带来更加清洁的能源资源和更强的污染处理能力，使资源得以大量节约和循环利用，进而减少污染排放。联合国政府间气候变化专门委员会在 2000 年的《IPCC 排放情景特别报告（SRES）》和《IPCC 第三次评估报告》中表明，解决温室气体排放和气候变化问题最重要的途径就是技术进步，技术进步可以通过提高能源利用效率、改进二氧化碳捕获与封存技术，以及开发再生能源的方式达到减排目的。《中华人民共和国气候变化初始国家信息通报》指出，技术创新和技术进步是推动社会进步的重要因素，一些重要技术的开发、引进和普及，对提高能源效率、减少碳排放具有决定性的作用。如果发达国家遵循《联合国气候变化框架公约》中"共同但有区别的责任"的原则率先行动，将有利于推动全球的技术进步，特别是能源技术的进步，为世界各国社会经济的可持续发展提供更多的机遇，也有利于全球温室气体的减排。技术进步短期来看对提高碳减排能力产生的影响有限，但随着技术的不断进步，未来将成为广西降低碳排放的主要因素。

七是能源消费对碳排放的影响。能源效率决定了节能潜力和碳减排潜力，不同国家、不同部门的能源效率各异。因此，各个国家通过提高能源效率所能带来的碳减排潜力也不同。对所有国家设置相同的减排限额将损害那些在提高能效方面已经取得较大成效的国家的利益。同样，竞争的存在将导致经济结构向那些有很大节能潜力的行业倾斜。也就是说，如果对不同国家设置相同的减排限额，将使已经达到高能效水平的国家和行业的利益受损，最终的效应将是"鞭打快牛"，不利于社会的进步。

改革开放以来，我国能源利用效率提升较为明显，从 1978 年的 15.53 吨标准煤/万元（即 0.06 万元/吨标准煤）变为 2017 年的 3.54 吨标准煤/万元（即 0.28 万元/吨标准煤）[①]，这不仅源自碳排放总量增长率低于能源消费量增长率，而且是碳排放总量增长率低于经济增长率的重要贡献。总体上看，1978～2017 年我国能源效率有较大幅度的提升，但从 2003 年开始能源效率提升速度开始变缓，导致 2003 年后的碳排放总量增长率持续上升。中国的能源效率与其

---

① GDP 按照 1978 年不变价格计算。

他国家或地区相比还存在一定差距，其中能源利用效率不仅低于发达国家的水平，而且低于中等收入国家的水平，仅仅比低收入国家略高。2005 年，世界整体的能源效率为 2.49 吨标准油/万美元，而我国的能源效率为 7.65 吨标准油/万美元，是世界能源效率的32.5%。[①] 与中等收入国家的能源效率相比，我国的能源效率也是较低的，仅为中等收入国家的 71.2%。通过这些数据对比，可以看出我国的能源效率还有较大的提升空间，广西与全国一样，具有相同的能源变化特点。

八是能源结构对碳排放的影响。根据《2006 年 IPCC 国家温室气体清单指南》给出的各个部门类别中固定源燃烧的缺失排放因子数据，分别选取煤炭、石油和天然气的排放因子下限值作为参考依据，煤炭的二氧化碳排放因子为 94600 千克/万亿焦耳，石油的二氧化碳排放因子为 73300 千克/万亿焦耳，天然气的二氧化碳排放因子为 56100 千克/万亿焦耳。也就是说，在提供相同热量的情况下，三种燃料排放的二氧化碳各不相同，煤炭燃烧排放的二氧化碳分别是石油和天然气的 1.29 倍和 1.69 倍。因此，在提供相同热量的情况下，能源结构对二氧化碳的排放影响较大。

不同能源燃烧释放出的二氧化碳也不同，碳排放系数排序为煤炭 > 石油 > 天然气 > 水电。我国能源消费以化石能源为主，尤其以煤炭为主，煤炭消费量占能源消费总量的 70% 左右，而煤炭消费是各类能源消费中最大的碳排放制造者。我国煤炭消费产生的碳排放量约占化石燃料消费产生碳排放量的 81.64%，占全国碳排放总量的 60% 以上，这是由我国"富煤、贫油、少气"的资源禀赋决定的。

广西的资源禀赋特征是"贫煤、少油、无气"，能源先天条件明显不足。在提供等量能量的情况下，煤炭、石油和天然气排放的二

---

① 杨正林：《中国能源效率的影响因素研究》，华中科技大学博士学位论文，2009。

氧化碳之比为 $1 : 0.813 : 0.561$，因此，在各类能源的利用中，煤炭比石油和天然气能够产生更多的碳排放。在为经济增长提供同等能源的条件下，改变三类化石能源的结构能够实现碳减排，可以通过提高天然气的比重来实现一定量的二氧化碳减排。

九是能源价格对碳排放的影响。能源价格变化，意味着生产投入要素价格发生变化，当能源与其他要素的替代弹性不为零时，首先改变的是要素市场的价格水平和均衡值，同时传导至生产和消费过程，最终影响均衡产量和价格，从而对经济总量产生影响。具体来说，一方面，根据供给冲击①理论，能源价格上涨会导致单位产量的生产成本上升，总供给曲线向左上方移动，在短期内工资水平不能充分调整的条件下，经济只能在存在失业的情况下实现均衡，从而导致经济总量下降。另一方面，基础能源产品处于产业链的上游，部分增加的成本将通过价格传导机制转嫁给最终消费者，从而抑制有效需求，给经济总量带来负面影响。经济增长导致的碳排放源于经济增长对能源的需求，而能源价格是影响需求的重要因素，需求又影响到能耗。因此，能源价格理论上必然对碳排放产生影响。从实际来看，能源价格上涨会增加企业的生产成本，也会增加居民的生活成本，因此会促使企业和居民通过各种方式减少能源消费量，提高能源利用效率，从而减少碳排放。

十是消费模式对碳排放的影响。改革开放后，随着经济的快速发展和消费产品的极大丰富，人们的消费模式也随之发生变化。特别是经济进入新常态以来，模仿型排浪式消费阶段基本结束，个性化、多样化消费渐成主流，这就产生了更多不同的消费者或者消费群体，不同消费者的消费模式虽不同，但在消费产品的同时都会间

---

① 供给冲击（Supply Shock）指的是特定品种商品（如与原油相关的商品）价格与其他品种商品价格相比发生的变化，即相对价格的变化。供给冲击改变了生产成本，影响了厂商所要求的价格水平。

接导致化石能源的消耗和二氧化碳的排放。消费模式的变化对二氧化碳的排放会产生很大的影响。科学合理的消费模式有利于提高生活水平,人们在追求适度物质生活的同时,也会不断增加有益的精神文化消费。科学合理的消费模式在节约能源和保护环境的同时,也有利于保护自然资源和改善生态环境,易于创造一个适宜的生活环境。IPCC 在讨论温室气体减排政策和方案时曾指出,改变消费模式比单一地实施节能减排政策更重要。因此,必须大力倡导和鼓励科学合理的消费模式,培养绿色消费观念。

十一是国际贸易对碳排放的影响。国际贸易是一个国家和地区碳排放量最重要的影响因素。国际贸易过程中存在碳排放转移问题,进口高耗能的资源密集型产品能够减少本地区的碳排放。反之,出口高耗能的资源密集型产品则会增加本地区的碳排放。广西货物贸易中碳排放量大的主要集中在南宁、崇左、百色地区,贸易方主要是东南亚地区国家。

根据相关研究成果,并考虑数据的可获得性,综合研究基础选择能源消费量(EC)、能源强度(EI)、能源结构(ES)、能源价格(EP)、经济发展水平(ED)、固定资产投资(AI)、人口总量(TP)、城镇化水平(UL)、产业结构(IS)、国际贸易(IT)等因素,运用主成分分析法来确定这些因素对碳排放的影响程度。

(三)数据来源与研究方法

1. **数据来源与数据处理**

以 1978~2017 年为研究时间范围,数据均来自《广西统计年鉴》。为剔除价格因素影响,GDP、固定资产投资和物价指数等相关数据均以 1978 年为基期进行了调整。在进行主成分分析之前,还需对原始数据进行标准化处理,以消除指标间量纲不一致及数量级存在差异等现象。标准化的公式为:

$$Z_{ij} = \frac{x_{ij} - \bar{x}_j}{S_j}, \quad S_j = \sqrt{\frac{\sum_{i=1}^{n}(x_{ij} - \bar{x}_j)^2}{n-1}}$$

其中，n 为样本的个数，x_{ij} 为各样本数据，$\bar{x}_j$ 为样本数据的平均值，S_j 为所有样本数据的标准差，Z_{ij} 为标准化处理后得到的数据。

2. 主成分分析法

主成分分析法由霍特林于 1933 年首次提出，是利用降维的思想，通过研究指标体系的内在结构关系，把多指标转化成少数几个相互独立且包含原有指标大部分信息（85% 以上）的综合指标的一种多元统计方法。其优点是它确定的权数是基于数据分析而得到的指标之间的内在结构关系，不受主观因素的影响，且得到的综合指标（主成分）之间彼此独立，减少了信息的交叉，使分析评价结果具有客观性和可确定性。本书采用 SPSS 22.0 进行有关数据的处理和计算，具体过程如下。

第一，检验数据是否适合做主成分分析。利用 SPSS 软件提供的巴特利特球形检验和 KMO 测度来判断观测数据是否适合做主成分分析。巴特利特球形检验从检验整个相关矩阵出发，其零假设为相关矩阵是单位阵，如果不能拒绝该假设的话，应重新考虑因子分析的使用。KMO 测度则从比较观测变量之间简单相关系数和偏相关系数的相对大小出发，其值的变化范围为 0 ~ 1；当 KMO 值较小时，表明观测变量不适合做主成分分析。

通常按以下标准解释该指标值的大小：>0.9 为非常好；>0.8 为好；>0.7 为一般；>0.6 为差；>0.5 为很差；<0.5 为不能接受。通过 KMO 测度和巴特利特球形检验可以看出，巴特利特球形检验结果为拒绝原假设，KMO 值为 0.809。因此，广西 1978 ~ 2017 年碳排放影响因素的数据适合进行主成分分析。

第二，建立变量的相关关系矩阵。计算相关关系矩阵的特征值、贡献率和累计贡献率，并确定主成分的个数。特征值一般用 λ 表示，

第 i 个主成分的方差是总方差在各主成分上重新分配后，在第 i 个成分上分配的结果，在数值上等于第 i 个特征值。每个成分的贡献率定义为各成分所包含的信息占总信息的比重。用方差作为变量所包含的信息，则每个成分所提供方差占总方差的比重即该成分的贡献率（见表 1 – 8）。

表 1 – 8 相关关系矩阵的特征值、贡献率和累计贡献率

主成分	特征值	贡献率（%）	累计贡献率（%）
1	6.985	69.854	69.854
2	1.447	14.465	84.319
3	0.884	8.835	93.154

判定取几个成分作为主成分的方法有两种：一是取所有特征值大于 1 的成分作为主成分；二是根据累计贡献率达到 85% 来确定。本书根据后一标准来选取主成分，其包含的信息占原始变量包含总信息的 93.154%，损失的信息量不到 10%，被认为可以接受。

第三，求主成分荷载矩阵。由主成分荷载矩阵可以得到 3 个主成分的表达式，由每个主成分的贡献率可以确定其系数。对主成分进行线性回归。使用 SPSS 19.0 对因变量 Y（广西碳排放量）和主成分 F 进行简单的线性回归，得到如下关系式：

$$Y = 1692.0 + 284.4F, \ R^2 = 0.941$$

再将 F 表达式代入可得到：

$$Y = 1692.0 + 202.322EC - 163.965EI - 44.965ES + 178.025EP + 202.174ED +$$
$$196.149AI + 177.842TP + 193.186UL + 51.194IS + 162.108IT$$

（四）结果与分析

根据主成分分析法的计算结果，得到影响广西碳排放各个因素的排序依次为能源消费量 > 经济发展水平 > 能源结构 > 能源强度 >

产业结构 > 城镇化水平 > 人口总量 > 能源价格 > 固定资产投资 > 国际贸易。

能源消费量和经济发展水平是对广西碳排放影响程度最高的两个因素。广西能源消费量从 1978 年的 781 万吨标准煤增加至 2017 年的 10458.46 万吨标准煤，增长了 12.4 倍。GDP 从 1978 年的 75.85 亿元增加至 2017 年的 20396.25 亿元，人均 GDP 从 1978 年的 225 元增加至 2016 年的 41955 元（以当年价格计算），按不变价格计算增长了 185.5 倍。仅次于能源消费量与经济发展水平指标的是能源结构和能源强度，二者是影响碳排放的重要因素，碳排放在很大程度上是能源结构不优、能源强度过高导致的，因此控制碳排放的重要抓手就是优化能源结构、降低能源强度。产业结构和城镇化水平都对广西碳排放量的增长造成了比较严重的影响。产业结构特别是工业领域中高排放、高污染行业对碳排放的影响较大，而城镇化建设必然会产生大量的二氧化碳。排序较靠后的影响因素主要包括人口总量、能源价格、固定资产投资以及国际贸易等，这些指标由于波动性和规模变化相对较小，影响碳排放的程度比前述指标弱一些，但都会对碳排放产生或多或少的影响。

三 总结和建议

从以上的分析中可以得出，广西能源消费量、经济发展水平、能源结构、能源强度等指标与碳排放的关联度非常大，且目前化石能源的使用量仍然较大，但是使用效率不高。随着国家供给侧结构性改革的深入推进以及新型城镇化建设步伐的不断加快，广西去产能，特别是落后产能的步伐将进一步加快，广西应提高新能源的开发利用水平。

一是要重点把控煤炭消费量。重点控制有色金属冶炼、煤电生产及钢铁冶炼等行业的煤炭消费量，提高设备运行效率和企业生产效率，确保六大高耗能行业年煤炭消费增速控制在合理区间内。加强对重点区域、重大耗能项目年煤炭消费量的调控。重点加强对百色区域电网、防城港钢铁冶炼等重大项目，以及百色、防城港、北海、钦州、来宾等市重点耗能项目和自备煤电厂耗煤的调控，确保将年新增煤炭消费量控制在其所在设区市年度能源增量指标内。

二是要高效优化能源结构，科学确定水电生产。广西政策性弃水和季节性弃水不同程度地发生，要进行科学测度，充分发挥广西水电资源优势，适度增加水电发电量，提高水电利用小时数，尽可能避免非自然原因弃水。合理确定区外电力调入区域及规模。广西近年来调入电力的主要省份有云南、贵州、广东、湖南等。按照国家考核办法，各区域及省份电网由于电源构成不同，其电力所蕴含的排放量也不同（排放因子越大，由其调入电力所蕴含的排放量就越大）。总体而言，云南电网排放因子最小，贵州次之，而湖南、广东电网排放因子相对较大。据此，建议年度电力调入以云南电网为主，贵州电网次之，尽量避免电力调入所蕴含的排放量增加。

三是统筹部门力量，共同推进应对气候变化工作。统筹协调各部门，共同推进控制温室气体排放工作，充分发挥应对气候变化及节能减排工作厅际联席会议的作用，提高各部门对控制温室气体排放工作的认识，促进应对气候变化各项工作落到实处。如统计局要积极探索和推进应对气候变化统计核算制度建设；质监局要积极推进低碳产品认证工作，力争使广西低碳产品认证工作取得突破；新闻部门要通过新闻报道、节能宣传等多个渠道、多种方式，有力推动节能减排降碳宣传工作。

四是加强对重点产业的碳排放控制。加强对电力、热力生产和供应业，有色金属冶炼及压延加工业，黑色金属冶炼及压延加工业，非金属矿物制品业等重点耗能行业，尤其是火力发电、电解铝、氧化铝、钢铁、水泥等生产企业的碳排放控制，针对这些高碳排放行业和企业，尽快制定能源消费总量控制目标，并配备专人管理碳排放核算，制订碳排放监测计划，及时有效地开展企业碳盘查和碳排放报告工作。各主管部门要在深入研究和论证的基础上，制定并发布重点部门、行业、企业煤炭消费总量控制目标与碳排放总量控制目标，研究制订落实方案，出台相关控排政策措施。

五是建立统计数据报送机制。全区各级统计部门要明确统计范围，确保统计口径和数据来源的一致性，避免出现分能源品种消费量与综合能源消费量存在差异。统计部门、电网公司需与相关企业、研究单位之间建立协调机制，制定各类化石能源和电力调入、调出量的定期报表制度，统筹协调碳排放监测预警系统的数据报送工作，由专人每月第一时间上报相关统计数据，确保监测预警的及时性和有效性。

| 第二章 |

现状分析：广西应对气候变化总体评估

评估广西应对气候变化情况，主要基于目标实施进展、适应气候变化以及试点示范建设达标情况等进行，从而掌握应对气候变化组织对政策的执行情况、实际的实施效果和社会影响，发现政策执行中存在的问题、困难和亮点，针对存在的问题和困难及时对政策进行调整和完善，提高决策科学化水平和决策执行力。对于广西而言，针对应对气候变化的评估，可量化、可测度的主要是目标类评估和示范类评估。因此，评估的内容主要围绕两点展开：一是主要目标进展评估，即对"十二五"应对气候变化的碳排放强度目标和碳排放总量目标进行评估，考察年度完成情况和累计完成情况等；二是试点示范建设评估，包括对低碳城市、低碳园区、低碳社区等的评估。

第一节 评估要求和技术路线

一 评估要求

一是要适应应对气候变化发展形势。在具体评估过程中，要充分考虑国际国内应对气候变化发展形势，按照国家应对气候变化工作的总体要求，把握绿色循环低碳发展主线，突出有效控制温室气体排放、增强适应气候变化能力两大方向，充分结合广西应对气候变化的基础条件，形成具有针对性的评估结果。

二是要坚持客观公正的评估原则。评估过程必须坚持客观公正的原则，不受相关主体的行为影响和价值影响，坚持立场中立、评价客观，以推动应对气候变化政策完善、优化为目标。要在对试点建设相关利益主体进行深入了解和客观认识的基础上，客观公正地考虑各相关利益主体的立场和需要，促进应对气候变化政策更加科学、更加精准地落到实处，促进经济社会可持续、协调发展。

三是要提供专业人才和技术保障。评估工作应坚持专业、科学的理念和态度，确保评估过程的专业性，严谨、科学地推进评估的每一个步骤，关注评估的每一个细节。组织应对气候变化理论基础扎实、实践经验丰富的专家团队，在评估的设计、执行等环节充分听取专家团队的意见，保证评估能够在科学合理的专业意见指导下有序推进。

二　评估的技术路线

评估的技术路线见图 2 - 1。

第二节　主要目标进展评估

"十二五"期间，广西适应气候变化的能力显著提升。其中，农业适应气候变化的能力不断提升，城乡基础设施建设取得显著成效，石漠化地区综合治理深入推进，灾害防御体系进一步建立完善，应对气候变化基础能力建设得到进一步加强。

一　针对碳排放强度目标进行评估

碳排放是温室气体排放的通俗说法，温室气体中最主要的气体

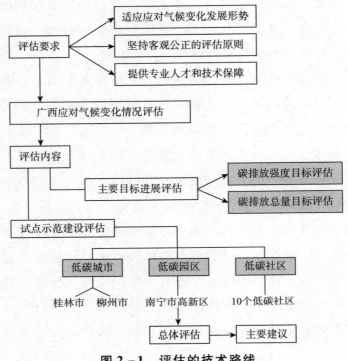

图 2 - 1 评估的技术路线

是二氧化碳，因此用"碳"作为代表，可以简单地将碳排放理解为二氧化碳排放。这样解释虽然不准确，但是可以让民众较容易地理解碳排放。碳强度是指单位 GDP 的二氧化碳排放量，一般情况下，碳强度指标是随着技术进步和经济增长而下降的。当前，广西相关统计指标数据仍然不完善，碳排放量相关预测指标主要通过关联指标推算得出，导致不能及时跟踪了解碳排放情况。同时，广西二氧化碳排放核算体系与国家考核体系不匹配，这也是碳排放考核评估进度缓慢的主要原因。

"十二五"期间，广西单位 GDP 二氧化碳排放强度年均下降3.43%，2011～2012 年两年应累计下降 6.74%，2011～2013 年三年应累计下降 9.93%，但实际情况是 2011 年不降反升 1.89%，2012年下降 7.37%，2013 年上升 1.12%，2011～2013 年三年累计下降

4.56%，仅完成总目标的28.5%；2011~2014年四年应累计下降13.02%，2011~2015年五年下降目标为16%，其中2014年、2015年应分别下降8.99%、12.78%，而2015年目标实际完成率为380.05%，五年累计下降24.7%，超额完成五年目标任务。国家下达的广西"十三五"降碳目标任务为2020年较2015年下降17%，2016年、2017年广西单位GDP二氧化碳排放强度分别下降1.67%、5%，完成年度目标的61.85%、140%。总的来看，广西"十二五"期间单位GDP二氧化碳排放强度下降目标任务完成较好，为完成"十三五"目标打下了良好的基础。然而，由于2016年、2017年单位GDP二氧化碳排放强度下降目标任务未完成，"十三五"后期完成目标的压力依然较大。

二 针对碳排放总量目标进行评估

碳是温室气体的主要来源，多数科学家和政府认为碳将继续给地球和人类带来灾难。人类的任何活动都有可能造成碳排放，如普通百姓日常的烧火做饭能造成碳排放，任何物体被焚烧后的废气也会产生碳排放。因此，对碳排放总量目标进行评估具有重要意义。

单位化石燃料燃烧所产生的二氧化碳排放量理论上随着燃料质量、燃烧技术以及控制技术等因素的变化而有所差异，考虑到年度数据获取的滞后性以及数据的可比性，核算的二氧化碳排放因子见表2-1、表2-2。

表2-1 2015~2016年化石燃料燃烧过程二氧化碳排放因子

单位：吨二氧化碳/吨标准煤

类型	2015年	2016年
煤炭	2.64	2.66
石油	2.08	1.76

类型	2015 年	2016 年
天然气	1.63	1.59

资料来源：国家发改委能源局。

表 2 - 2　2016 年省级电网供电平均二氧化碳排放因子

单位：吨二氧化碳/千千瓦时

地区	二氧化碳排放因子	地区	二氧化碳排放因子
北京	0.6168	河南	0.7906
天津	0.8119	湖北	0.3574
河北	0.9029	湖南	0.4987
山西	0.7399	重庆	0.4405
内蒙古	0.7533	四川	0.1031
山东	0.8606	广东	0.4512
辽宁	0.7219	广西	0.3938
吉林	0.6147	贵州	0.4275
黑龙江	0.6634	云南	0.0921
上海	0.5641	海南	0.5147
江苏	0.6829	陕西	0.7673
浙江	0.5246	甘肃	0.4912
安徽	0.7759	青海	0.2602
福建	0.3910	宁夏	0.6195
江西	0.6339	新疆	0.6220

资料来源：国家发改委能源局。

"十二五"期间，广西二氧化碳排放量增速相对放缓，据初步测算，2011 年碳排放量为 15690 万吨标准煤，同比增长 14.7%；2012年为 16285.4 万吨标准煤，同比增长 3.0%；2013 年为 18223.7 万吨标准煤，同比增长 8.3%。2011 年和 2013 年均未完成当年自治区下达的目标任务。2015 年和 2016 年碳排放量分别为 16242.17 万吨标准煤、17296.26 万吨标准煤（不含电力）。从结构来看，2017 年广西煤炭消费量为 5234.05 万吨标准煤，较上年增加 65.35 万吨标准煤；石油消费量为 1922.91 万吨标准煤，较上年增加 62.27 万吨标准煤；天然气消费量为 186.73 万吨标准煤，较上年增加 15.16 万吨标准煤。2017 年广西化石能源消费量为 7343.69 万吨标准煤，占全社会能源消费量的 70.22%，较 2016 年下降 1.18 个百分点；化石能源消费产生的排放量为 17603.8 万吨二氧化碳当量，较 2016 年增加307.55 万吨二氧化碳当量，折算约增加 105.31 万吨标准煤。

总的来看，受历史、资源等多方面因素影响，广西降低二氧化碳排放目标进展缓慢，主要有以下几个方面的原因。

一是广西能源结构特殊。2016 年经济恢复性增长带来的煤炭增量对当年及今后碳排放强度的影响显著。国家要求到 2030 年全国非化石能源占比达到 21%，而广西 2015 年非化石能源占比已高达30.38%，水电装机容量占比高达 40%，占水力资源可开发总量的85% 以上，接近开发极限。由于光伏、风电等新能源开发在广西尚处于起步阶段，且整体开发利用空间相对较小，今后一段时期内，广西新增能源需求仍将依靠煤炭、石油等化石能源解决。在一次能源（见图 2-2）中，广西煤炭占化石能源的比重约为 70%，其二氧化碳排放量占比高达 80% 以上。在全国经济企稳向好、稳中有升的大背景下，2016 年广西经济发展呈现缓慢回升态势，部分企业恢复性达产或部分达产导致煤炭消费增速比"十二五"末明显加快。2015 年广西煤炭消费为负增长，同比下降 10.62%，而 2016 年为正增长，同比增长 5.5%，快于国家同期 3.5% 的增速，出现煤炭消费及二氧化碳排放量陡增现象，这是 2016 年广西不能完成年度降碳目标任务的另一主要原因。

二是广西仍处于欠发达后发展阶段，面临发展经济与控制温室气体排放的双重压力。随着"一带一路"建设和中国-东盟区域合作的深入推进，广西在肩负国家重大战略定位建设任务的同时，也面临显著的资源和环境空间约束，对能源总量增量及结构优化提出

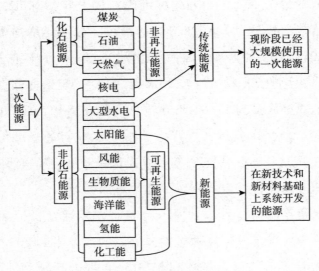

图 2 - 2　一次能源种类划分

了严峻的挑战。以铝为例，2016 年，以百色生态铝基地为主的铝加工业"二次创业"已形成年产 1750 万吨铝土矿、900 万吨氧化铝、132 万吨电解铝、350 万吨铝深加工的生产能力，铝土矿—氧化铝—电解铝—铝深加工产业链规模进一步扩大，在助力实现国家重大战略定位建设任务的同时，也形成了新的能耗增量。2016 年，广西铝冶炼及铝矿采选业规模以上工业企业能耗为 688.66 万吨标准煤，排放量为 1831.84 万吨二氧化碳当量。其中，2016 年较 2015 年新增能耗 53.86 万吨标准煤，增长 8.5%，新增排放量 143.27 万吨二氧化碳当量。此外，国家重大战略定位建设任务中北部湾经济区临海及沿江能源、石化基地的建设以及珠江 - 西江经济带沿江能源、石化生产项目的布局和投产也将带来煤炭消费的增量扩张。

第三节　试点示范建设评估

　　低碳试点是广西应对气候变化工作的重要抓手。低碳试点示范建设评估主要针对低碳城市、低碳园区以及低碳社区进行。

一 低碳城市试点建设

广西着力推进低碳城市试点建设，桂林市、柳州市分别于 2012 年、2017 年被列入国家第二批、第三批低碳试点城市。

（一）桂林市

积极开展低碳发展规划编制、峰值年预测和清单编制等专项工作，结合《桂林国际旅游胜地建设发展规划纲要》，重点推进低碳旅游、低碳交通、低碳农业等六大特色行业低碳化建设，试点工作取得阶段性成果。一是政策引领低碳发展前行。出台了《桂林市二氧化硫减排专项行动方案》《桂林市化学需氧量减排专项行动方案》《桂林市城市照明节能减排方案》《桂林市节能监察规定》等一系列政策文件。二是低碳发展多领域齐头并进。"十二五"期间，在能源领域，桂林市万元 GDP 能耗累计下降 20.14%，万元工业增加值能耗累计下降 52.29%，万元 GDP 二氧化碳排放量累计下降 30.13%。截至 2015 年底，非化石能源消耗量占一次能源消费的比重为 29.7%。在建筑领域，桂林市建筑节能累计 30.4 万吨标准煤，全市新建建筑设计阶段已达到 100% 执行节能标准。在交通领域，桂林市大力推广油电混合新能源公交车、天然气 LNG 旅游客车和天然气 CNG 出租汽车，推广节能与新能源船舶，大力宣传节能减排的方针政策。在生态领域，桂林市持续实施"绿满八桂"工程，森林覆盖率达 70.91%。2016 年，国家旅游局推出首批 40 家国家旅游示范单位，桂林漓江跻身"中国绿色旅游示范基地"行列。三是大力实施低碳试点示范项目，桂林市全州县天湖社区、恭城瑶族自治县红岩村和黄岭村获批成为广西第一批"省级农村低碳社区试点"。

（二）柳州市

柳州市明确 2026 年达到二氧化碳排放峰值、碳排放总量力争控制在 3358 万吨标准煤的目标。采取重点领域降碳、推广节能技术、做精做优三大支柱产业等行动，构建低碳工业体系，多渠道降低碳排放，推进柳州工业绿色转型。一是积极统筹，按时启动。按照国家发改委的工作部署和要求，柳州市政府于 2016 年 2 月召开试点启动工作会议，统筹各项试点工作，确保试点创建工作开局顺畅。二是因地制宜，注重实效。编制完成《柳州市低碳城市试点实施方案》，突出创建特色和亮点，明确重点工作，制订年度工作计划。三是推进碳排放尽早达到峰值。编制《柳州市低碳城市发展规划（2017～2026 年）》，将低碳发展目标纳入《柳州市国民经济和社会发展计划》。四是推进清单管理。启动《2014～2016 年温室气体排放清单》编制工作，摸清"碳家底"，识别主要排放源，有针对性地开展节能降碳工作。

二 低碳园区试点建设

2015 年，南宁高新技术产业开发区获批成为广西唯一一家国家低碳工业园区试点。国家低碳工业园区试点创建过程中，建设了 28 个低碳产业，涵盖新一代信息技术、生物技术、节能环保、新能源、生态环境整治等领域，项目总投资达 92.07 亿元。2016 年，项目累计完成投资 68.37 亿元，竣工投产 18 项，万元工业增加值能耗下降到 0.5015 吨标准煤，碳排放量下降到 1.3039 吨标准煤，完成了既定工作目标。一是推进产业低碳化发展。在产业定位、招商引资和项目建设上严格执行"无高能耗高排放产业、无高能耗高排放企业、无高能耗高排放工艺"的"三无"标准。进一步优化产业空间布局，心圩、安宁、相思湖、南宁综合保税区四个片区明确产业发展方向，实现"绿色发展"，建设宜业宜居、产城融合的新城区。推动产业转型升级，园区已形成生物技术、电子信息、装备制造三大主导产业。通过推广清洁能源、强化工业节能、提升电机效能、开展中水回用、淘汰落后产能、调整产业结构、发展循环经济等多项有效措施，努力将辖区企业改造成环境效益与经济效益齐头并进的环保型企业。二是加强园区基础设施低碳化建设。推进公园绿化改造，增加高新区碳汇，加大投资力度，改善相思湖湿地公园、明月湖景观公园、心圩城市公园生态环境，实施西明江、石埠河、可利江生态环境综合整治工程。三是加强低碳管理工作。每月对园区工业能耗进行统计管理，对企业能耗数据进行分析，把握各类能源消耗情况及消耗总量；对重点耗能企业进行数据监控、现场核查，防止整体能耗出现巨大波动。指导企业编制并实施年度节能计划，实行节能审计，并落实改进措施；实行清洁生产审核，并实施中高费方案[1]；要求企业建立能源统计台账，按时保质报送能源统计报表；依法依规配备能源计量器具，并定期进行检定、校准。

三　低碳社区试点建设

2015 年 12 月，自治区明确南宁市青秀区丹凤社区等 10 个社区为广西第一批省级低碳社区试点创建单位，试点社区在辖区党委、政府和职能部门的领导下，整合各种资源，共同推进试点建设。一是编制《广西低碳社区试点推进工作方案》，开展低碳社区试点建设工作思路研究。二是组织专家依据《低碳社区试点建设指南》（发改办气候〔2015〕362 号）和《广西低碳社区试点建设评价指标》对 10 个省级低碳社区试点（见表 2 - 3）建设方案进行评审，并根据专家评审意见结合各低碳社区试点情况对试点建设方案进行修改完善。三是为扎实推进广西低碳社区试点工作顺利开展，提高低碳社区试点管理队伍的能力和水平，举办全区低碳社区试点工作专题培训班。四是开展现场调研工作，全面摸查低碳社区试点工作开展

---

① 清洁生产审核中有中高费方案和无低费方案之分，简言之就是按照实施方案需投入资金的多少来划分的。根据企业的生产经营、利润等情况，有些投入资金在 5 万元左右就可以被列为中费或高费方案，而有些投入资金为 100 万元甚至更多才能被列为中高费方案。

情况，为下一步工作开展提供依据。

表 2 - 3　广西第一批"省级低碳社区试点"名单

社区类型	社区名称
城市社区	南宁市丹凤社区、南宁市新竹社区、柳州市鱼峰社区、玉林市江滨社区
农村社区	桂林市天湖社区、桂林市红岩村、桂林市黄岭村、钦州市茅坡社区、河池市合寨村、河池市流河社区

综合来看，广西低碳试点示范建设工作取得了积极成效，为其他地区申报建设低碳城市、低碳园区及低碳社区提供了重要参考，其中的一些主要经验值得推广和宣传，也为应对气候变化工作奠定了较好的基础。

第四节　总体评估与主要建议

一　总体评估

总体来看，随着应对气候变化工作的逐年推进，广西各领域对应对气候变化工作越来越重视，不同部门针对各自负责的领域积极开展应对气候变化工作。从目标完成情况来看，虽然整体完成情况较好，但仍未达到时间进度要求，按照国家对广西的二氧化碳排放总体要求，以及随着国家调整经济增长速度，特别是从国家发改委公布的 2016 年对各省（自治区、直辖市）控制温室气体排放的考核结果中可以看出，广西成为继辽宁、西藏、青海之后的第四个未完成年度控制温室气体排放考核目标的省（自治区、直辖市），这给广西"十三五"中后期完成国家下达的 17.0% 的碳强度下降目标任务带来了不小的压力，总的形势依然比较严峻，任务依然比较艰巨（见图 2 - 3）。

从具体目标和工作角度来看，主要体现在以下几个方面。

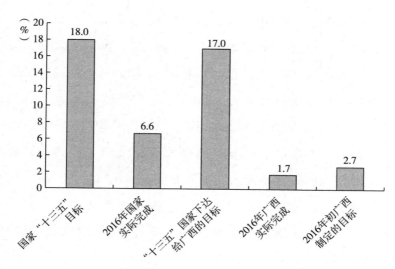

图2-3 "十三五"、2016年国家及国家下达给广西的碳强度下降目标

一是碳强度总体下降成效显著，但核算基数偏低。"十二五"国家下达给广西的碳强度下降目标比2010年下降16%，由于经济下行以及2014～2015年水条件相对较好等原因，实际完成碳强度下降24.7%，完成目标任务的155%，2015年碳强度已下降到0.964吨二氧化碳当量。而2015年吉林碳强度为1.316吨二氧化碳当量，山西为3.55吨二氧化碳当量，内蒙古为3.68吨二氧化碳当量，陕西为1.78吨二氧化碳当量，甘肃为2.19吨二氧化碳当量，四川为1.044吨二氧化碳当量，海南为1.12吨二氧化碳当量，同期广西碳强度远低于上述各省（自治区、直辖市）水平，继续下降的空间十分有限。若仍以2015年碳强度为基数，要完成"十三五"17.0%的碳强度下降目标任务，基数太低，广西将面临巨大的压力，甚至极有可能无法完成任务。

二是低碳试点建设进展顺利，但基础比较薄弱。低碳试点是广西应对气候变化工作的关键抓手，是实现绿色循环低碳发展的重要支撑。桂林市成为第二批国家低碳试点城市，柳州市成为第三批国家低碳试点城市，标志着广西低碳试点工程得到进一步认可。桂林市建设低碳试点城市具有一定的典型性和代表性，能够发挥示范带头作用；柳州市在获得"资源综合利用双百工程""国家循环经济示范城市"等国家级试点示范后，于2017年1月获批国家低碳试点城市。但从试点实施情况来看，仍然存在政策体系不完善、实施细则衔接不充分、资金和人才支持不足、专业机构支撑缺乏等问题。同时，控制温室气体排放以及与低碳发展相关的工程技术研究推广应用难度较大，低碳创新能力明显不足。

三是清洁能源项目从无到有，但结构仍然不合理。广西积极布局水电、风电、太阳能发电、核能发电等清洁能源项目，电力供给能力得到极大提高，能源生产和消费结构得到进一步优化，但能源结构仍然不够合理。目前，全区主要的二氧化碳、二氧化硫和烟尘都是由燃煤排放的，在能源结构中，化石燃料是主要的能源消费来源，煤炭消费占比高于油气能源，这种以煤为主的能源结构在未来相当长时间内仍将持续。随着经济社会的持续发展，广西对能源的需求量将越来越大，煤炭的消耗也将随之增加，由此带来的二氧化碳、二氧化硫、一氧化氮等污染气体也将持续增加。

四是应对气候变化基础工作比较扎实，但相关政策法规仍不健全。广西积极组织推进全区应对气候变化业务培训，在全区开展应对气候变化人员培训的需求调研，分期分片区在南宁、崇左、百色等11个市开展有针对性的座谈交流，掌握地方对培训的具体需求，把握培训方向，完善培训计划，重点就应对气候变化能力建设、温室气体排放企业直报工作、应对气候变化业务推进情况等开展讨论交流。信息采集能力进一步提升，气象、水文、地震、地质、环境、病虫害、野生动物病疫源、海洋渔业和森林火灾等灾害监测网络不断完善，实现了数据共享，灾害信息采集和快速处理能力不断提升。组织参与应对气候变化国际交流，参加波兰华沙《联合国气候变化框架公约》第19次缔约方会议（COP19）暨《京都议定书》第9次缔约方会议"中国角"系列边会活动，并做"加快广西低碳发展，积极应对气候变化"主题发言。但总的来看相关法规仍需完善，目前广西对生产或使用节能产品、重大节能工程项目、重大节能技术开发、重大节能示范项目、发展节能环保型小排量汽车、加快淘汰高油耗车辆等领域的政策法规支持力度不够。减少温室气体排放、节能减排在经济上往往具有外部性，会导致市场机制失灵。因此，需要从政策法规层面来规范市场行为，并通过法律手段强制推行。

五是宣传力度加大，重视程度提高，但支撑能力仍面临瓶颈。"十二五"以来，自治区应对气候变化及节能减排工作领导小组办公室、南宁市人民政府联合自治区发改委、区直机关事务管理局等部门每年6月举办"全国低碳日"广西主题活动，通过展板、视频等方式宣传气候变化科学知识、低碳发展理念和应对气候变化政策措施与成效，各市借助各类主题活动，全方位、多元化开展应对气候变化和低碳宣传工作，低碳宣传逐渐深入人心，人们对低碳出行、低碳交通、低碳旅游等的理解更加深入，并身体力行践行低碳活动。但是，促进低碳发展的相关支撑能力仍需提升，技术创新是发展低碳经济的关键，广西在低碳技术的研发方面面临诸多制约因素，缺乏完整、有效的政策规划和配套支撑政策体系，低碳技术项目还没有形成稳定的政府投入机制，金融系统对低碳技术项目支持较少、力度不够，相关领域的人才严重缺乏，导致大部分企业不具备节能和环保技术开发能力，难以提升低碳生产的技术水平。

二　主要建议

应对气候变化是一项系统性的工程，从评估结果来看，广西在减缓温室气体排放（碳排放量、碳强度）和适应气候变化（试点示范等）方面取得了不错的成绩，但跳出广西看广西应对气候变化工作，仍然存在不小的差距，很多兄弟省份在应对气候变化方面已经取得了显著成效，广西要在增强自身应对能力的前提下，不断汲取好的思路和经验方法，全面提升应对气候变化的能力和水平。

第一，严控六大高耗能行业和全社会煤炭消费量及其增速。从广西实际来看，高耗能行业占比仍然较高，全社会煤炭消费量占比也不低，推动应对气候变化工作，仍需做到以下几点。一是研究制定引导扶持重点耗能行业实施煤改气、煤改电、油改气等能源替代的政策措施，努力稳定非化石能源占比，着力优化化石能源结构。二是重点调控有色金属冶炼、煤电生产及钢铁冶炼等六大高耗能行业的煤炭消费，针对六大高耗能行业的煤炭消费开展专题调研，制定耗煤"大户"行业及重点耗能企业用煤调控措施，提高设备运行效率和企业生产效率，确保六大高耗能行业年煤炭消费增速控制在合理区间内。三是加强新能源、清洁能源车辆在城市公交、客货运输和公共机构领域的推广应用，重点是充分发挥新能源公交车财政补助政策的激励引导作用，强化目标考核。四是明确各市人民政府作为完成降碳目标任务的责任主体，由广西发改委对降碳目标责任工作成效不明显的相关市人民政府及时督促，落实责任，采取强有力的措施以确保完成年度降碳目标任务。

第二，积极提升应对复杂天气和气候事件的能力。气候多变异常，且对居民的生产生活带来了较大影响。为此，必须在已有工作基础上建立健全适应气候变化的法律体系，研究制定适应能力评价综合指标体系，健全必要的管理体系和监督考核机制。建立健全温室气体指标核算体系。进一步加强温室气体统计指标体系建设基础工作，重点建立能源活动、工业生产过程、农业活动、土地利用变化与林业、废弃物处理等领域的温室气体统计核算体系。着重增强石漠化地区应对气候变化能力。要以小流域为治理单元，控制水土流失，遏制石漠化扩展趋势，通过退耕还林、封山育林（草）、植树造林等措施，科学营造水土保持林和水源涵养林，大力发展特色经济林，保护和增加林草植被，恢复和重建岩溶地区生态系统。

第三，完善相关机制预警工作，齐心协力推进降碳工作。健全自治区应对气候变化及节能减排工作领导小组办公室厅际联席会议制度，搭建常态化议事和信息共享平台。进一步明确各成员单位职责，指导各市建立健全相关工作机制。建立以自治区发改委牵头，工信、统计、交通、住建、财政、林业、能源、机关事务管理、电网等单位参加的降碳目标协同推进机制，定期沟通部门降碳工作信息，共同研判预警目标进度，及时提出应对措施建议。及时完善应对气候变化统计核算制度，建立行之有效的部门间目标任务、完成情况定期沟通协同及研判预警工作机制。定期开展能源总量、化石能源结构调整、煤炭生产及消费情况分析研判工作，开展节能减排降碳关键指标月度、季度及半年情况通报预警工作，使之制度化和规范化。加强各设区市节能降碳目标考核工作。强化监督检查，特别是对重点行业、重点地区、重点用能单位、重点排放企业，以及高耗能特种设备的节能标准执行情况进行监管。

第四，紧跟国家降碳步伐，高度重视碳排放权交易市场建设。2017 年 12 月，国家发改委召开了全国碳排放交易体系启动工作新闻发布会，宣布全国碳市场正式启动，这对推进生态文明建设、深化经济改革具有重要作用，是深入贯彻落实党的十九大确立的低碳发展战略和绿色发展理念的重要举措。目前，全国 7 个碳排放权交易试点省市开展碳排放权交易试点工作进展顺利，随着碳排放权交易市场的全面铺开，碳市场交易将逐步扩大覆盖范围，市场将趋于成熟。在此阶段，广西要高度重视，提前做好准备工作，加强对碳市场建设的前期研究工作，为全面融入全国碳排放权交易市场打好坚实的基础、做好充足的准备。

| 第三章 |

形势判断：广西应对气候变化面临的
基本形势及经验借鉴

气候变化是当前全球面临的重大挑战，世界各国都在积极寻找应对之策，尽量控制温室气体排放总量和排放强度，减轻气候变化对生态环境、经济社会的不利影响。我国幅员辽阔，各地气候差异较大，气候灾害、极端天气事件频发，其所带来的影响更加复杂、更加广泛、更加深远，给生态环境和经济社会发展带来了不小的挑战。广西地形地貌复杂，气候变化和极端天气所造成的危害很严重，而广西应对气候变化的技术手段较为落后，能源消费结构不优，增大了应对气候变化的压力。同时，广西正处于工业化、城镇化建设的关键阶段和加快转变经济发展方式、促进绿色循环低碳发展、实现高质量发展的关键时期，应对气候变化面临新形势、新任务和新要求。

第一节 应对气候变化的基本形势

一 应对气候变化将继续成为全球实现可持续发展的共识选择

近百年来，全球变暖的趋势性特征逐渐明显。科学研究和观测数据分析表明，工业革命以来，人类活动尤其是发达国家工业化发展中产生的大量温室气体排放是导致全球气候变化的主要因素。[1]
2015 年 6 月，中国向《联合国气候变化框架公约》秘书处递交了新
的国家自主贡献方案。2015 年 12 月，在法国巴黎举行的第 21 届联
合国气候大会上，近 200 个缔约方一致同意通过《巴黎协定》，国际
社会就全球平均气温较工业化前水平升高控制在 2℃ 之内达成共识。
2016 年 9 月，中国宣布完成《巴黎协定》国内批准程序。中国正式
加入《巴黎协定》，展示了其在推动全球应对气候变化进程中的领导
力，也为《巴黎协定》的早日生效注入了强大的推动力。2017 年 7
月，在德国汉堡举行的 G20 峰会上，确认除美国之外其余 19 个国家
执行《巴黎协定》的承诺。全球最大的两个经济体中国和美国面临
应对气候变化更加紧迫的威胁。[2] 2017 年 11 月 15 日，"应对气候变
化南南合作高级别论坛"在德国波恩联合国气候变化大会"中国
角"成功举办，中国提出只有大家共同行动，才能把应对气候变化
的共同目标变为现实，南南合作要发展，南北合作要加强，要把气
候变化合作的朋友圈做大做强。

　　总体来看，应对气候变化正在受到全球更加广泛、更高层次、
更深程度的重视，世界各国将更加重视全球应对气候变化，并在多
个领域开展合作交流对话，维护我们共同的家园——地球。

二　我国作为发展中国家将不遗余力继续履行各项职责和承诺

　　我国人口众多，人均能源资源拥有量较少，各地气候差异明显，

---

[1]　王伟光、刘雅鸣主编《应对气候变化报告（2017）》，社会科学文献出版社，2017。

[2]　在气候变化的影响下，各种极端天气在强度和频率上都有所加剧，以风灾为代表的极端
天气进一步警示全球气候变化所带来的紧迫威胁。2017 年，强台风"天鸽"给珠海和澳
门等地造成严峻灾情，成为两地超过半个世纪以来损失最惨重的风灾，北大西洋飓风
"哈维"所引起的风暴潮造成严重的洪涝。从全球气候变化对风灾的影响来看，一方面，
气候变化让极端降雨和风暴潮洪水的发生概率有所提高；另一方面，海水温度的升高，
能够大幅度增强风灾的威力。有研究显示，全球气候变暖导致的气温上升，将使世界各
地许多飞机在未来几十年难以起飞。参见丁阳《中美风灾警示全球变暖的紧迫威胁》，腾
讯新闻，2017 年 9 月 4 日，http://view.news.qq.com/original/intouchtoday/n4004.html。

生态环境脆弱，易受气候变化、极端天气影响，气候变化是关系到我国经济社会发展全局的重大问题。近40年来，全国气候变化趋势与全球整体一致，平均气温呈现逐渐上升趋势；极端天气和气候灾害事件频发，区域性洪涝、干旱灾害仍然较为严重。这种气候变化的趋势在未来仍将持续，平均气温上升态势将继续保持，降水波动变化更大，极端天气和气候灾害事件的危害更为严重。党中央、国务院高度重视应对气候变化能力建设，先后制定了《国家应对气候变化规划（2014～2020年）》《国家适应气候变化战略》等战略规划，着力实现对碳排放总量和碳排放强度的有效控制。当前我国深入贯彻落实新发展理念，大力推动供给侧结构性改革，加快转变经济发展方式，实现绿色低碳循环发展。推进低碳发展试点省区建设，促进可再生能源的开发与应用，持续开展造林绿化，保护河流、湖泊、沼泽等湿地资源。通过实施一系列措施，低碳发展工作成效显著，为实现2030年二氧化碳排放达到峰值的目标奠定了坚实的基础，有效控制了温室气体排放总量和排放强度。

党的十九大报告对应对气候变化工作提出了新的要求，我国将成为全球生态文明建设的重要参与者、贡献者、引领者，在引领国际社会开展气候合作、应对气候变化挑战上将有更大作为，为改善生态环境、维护好人类赖以生存的地球家园做出贡献。

三　广西作为欠发达地区在经济发展的同时更加注重保护环境

当前，广西后发展、欠发达的基本区情没有发生根本改变，经济发展基础仍然不牢固，工业化和城镇化水平仍然低于全国平均水平①，一些领域有待高质量提速发展以填补空白。与此同时，广西工

---

① 工业化实现阶段划分为：以2016年为准，人均GDP达到991～1983美元为前工业化阶段，1983～3965美元为工业化初期阶段，3965～7931美元为工业化中期阶段，7931～14884美元为工业化后期阶段，14884美元以上为后工业化阶段。城镇化水平通常用市人口和镇人口占全部人口的比重来表示，用于反映人口向城市集聚的程度。

业领域的高能耗行业占全部工业的比重仍然偏高，粗放式经济发展方式在一些地区、一些领域长期存在，对发展低附加值资源开发型产业产生了"路径依赖"[①]，这不仅对产业转型升级、转变经济发展方式造成了不利影响，而且对节能减排、应对气候变化产生了较大压力。特别是经济新常态下，广西经济发展环境发生了重大变化，环境承载、资源消耗接近上限。2016 年国务院印发的《"十三五"控制温室气体排放工作方案》要求广西"十三五"完成 17% 的降碳目标，国家《"十三五"节能减排综合工作方案》要求广西"十三五"能耗强度降低 14%，能耗增量目标控制在 1840 万吨标准煤以内，同时也对化学需氧量、氨氮排放量、二氧化硫排放量以及氮氧化物排放量做了控制要求。在此背景下，广西工业发展所依赖的资源环境刚性约束日益趋紧，各种环评、能评甚至安全门槛都会提高，这对经济社会的长远发展都是有利和必要的，但客观上也增加了企业的成本。

从国家对广西的各项指标要求来看，越来越注重生态环境的保护，在区域规划、发展定位以及重点生态功能区布局等方面更多地体现了绿色发展的要求，特别是 2017 年实施的重点生态功能区县负面清单制度以及环境承载力研究与考核。可以预见，未来广西将在生态环境保护方面投入更多的精力，确保在经济发展的同时不以牺牲环境为代价。

四 优化能源结构和产业结构成为应对气候变化的关键所在

总体来看，全球应对气候变化的压力仍然巨大，发达国家人均能源消费量较大，发展中国家则处在经济社会快速发展阶段，对能源的需求大大增加，广西应对气候变化工作面临更加严峻的挑战，

---

① 路径依赖（Path-Dependence）是指人类社会中的技术演进或制度变迁均有类似于物理学中的惯性，即一旦进入某一路径（无论是"好"还是"坏"），就可能对这种路径产生依赖。最早提出"路径依赖"的是道格拉斯·诺斯。由于用"路径依赖"成功阐释了经济制度的演进，道格拉斯·诺斯于 1993 年获得诺贝尔经济学奖。

产业结构调整缓慢、能源结构调整艰难是应对气候变化最大的挑战。从能源结构来看，目前广西的水电装机容量占水力资源可开发总量的比重已超过85%，接近水电开发的极限，火电发电装机规模已占电源结构的47.9%。从用能结构来看，广西新能源仍处于起步阶段，新增能源需求量巨大，能源消费仍将依靠煤炭、石油等化石燃料解决。从产业结构来看，传统产业转型升级步伐相对滞后，新兴产业培育发展尚未取得规模化、突破性成效，产业结构调整步伐总体缓慢。未来一个时期内，广西控制温室气体排放仍将面临巨大挑战。必须结合国际国内发展形势，瞄准应对重点，锁定发展目标，实施适宜措施，最大限度地控制温室气体排放，全面提升适应气候变化能力，促进试点工程和能力建设取得新突破。

第二节　国内外应对气候变化的主要举措

一　国外应对气候变化的主要举措

选择应对气候变化基础比较好的国家，通过对标研究，总结国外在应对气候变化过程中的成功经验，以期为广西应对气候变化提供重要的学习参考。

（一）美国加州："三位一体"的法规政策为低碳试点提供借鉴

作为全球各区域应对气候变化的引领者之一，美国加州及其县市层面形成了完善、高效的应对气候变化机制。加州在应对气候变化法律法规政策体系、推进机制以及地方参与保障机制等方面的主要经验，对推进低碳城市试点具有重要的借鉴意义。[①]

---

① 在2017年6月6日于北京举行的第八届清洁能源部长级会议上，美国加利福尼亚州州长杰瑞·布朗（Jerry Brown）表示，虽然美国总统特朗普对退出《巴黎协定》态度坚决，但加州仍将坚持自己的清洁能源路径，加州所有的举措都与《巴黎协定》一致，甚至超出《巴黎协定》的承诺。

一是应对气候变化立法体系。尽管美国联邦政府层面应对气候变化立法进展缓慢，但加州在应对气候变化地方立法体系建设方面成果丰硕，先后通过了《全球变暖解决方案法》《加州可持续社区与气候保护法》《2015 年清洁能源和减排法案》等 20 多部应对气候变化的地方法案，逐渐建立起了较完善的应对气候变化立法体系，为应对气候变化、减少温室气体排放提供了坚实的法律保障。

二是应对气候变化政府令。在应对气候变化的政策体系中，政府执行令在设定温室气体减排目标、立法安排等方面发挥了独特作用。加州政府先后签署了 10 条与气候变化有关的执行令。2005 年 6 月，在评估气候变化对加州的影响后，时任加州州长施瓦辛格签署《执行令 S-3-05》，确定了加州到 2010 年、2020 年和 2050 年需要完成的温室气体减排目标以及相应的保障措施。2012 年签署的 B-18-12 政府执行令对州政府拥有的建筑能效提出了明确要求，提出到 2025 年实现零净能源的加州政府拥有建筑面积占加州目前拥有建筑面积的 50%，并建议对州政府拥有的 1 万平方英尺的建筑物实施清洁能源改造，安装太阳能光伏、太阳能光热或风力发电装置。

三是加强标准体系建设。标准体系是加州应对气候变化法规政策体系中的重要组成部分，主要包括以下内容。①建筑能效标准。现行 2013 年加州建筑能效标准是在 2008 年住宅与非住宅新建和改建标准基础上制定的，包含新建建筑物的能源和水效率要求以及室内空气质量要求等内容，适用于新建建筑物以及现有建筑物的改建。加州建筑能源标准每 3 年更新一次，2016 年建筑能效标准已完成对 2013 年版本的更新。②排放标准。第一，电厂温室气体排放标准。该标准是基于发电设施的排放标准，加州要求所有发电设施向消费者做出基本负荷产生排放量不大于联合循环燃气轮机厂标准的长期承诺，每兆瓦时二氧化碳排放量不高于 1100 磅（约 0.5 吨）。同时，加州参议院第 1368 号法案禁止排放未达标电力企业进入长期财务承诺计划，以激励发电企业实现温室气体排放达标。第二，低碳燃料标准（LCFS）。LCFS旨在鼓励加州生产和使用更清洁的低碳燃料，从而减少温室气体排放。LCFS以汽油和柴油燃料及其相应替代品的"碳强度"来表示。美国加州应对气候变化主要法规政策见表3－1。

表 3 － 1　美国加州应对气候变化主要法规政策

时间	名称	主要内容
法案		
2015 年 9 月	SB350	2015 年清洁能源和减排法案
2014 年 9 月	SB605	短期气候污染物
2014 年 9 月	SB1275	加州零排放或近零排放汽车倡议
2014 年 9 月	SB1204	加州清洁卡车、公共汽车、越野车辆和设备技术计划
2013 年 9 月	AB8	替代燃料和车辆技术资助计划
2013 年 9 月	AB1092	建筑标准：电动汽车充电基础设施
2012 年 9 月	SB535	温室气体减排基金和弱势社区
2012 年 9 月	AB1532	温室气体减排基金
2011 年 4 月	SBX1 － 2	可再生能源配额标准
2008 年 9 月	SB375	可持续社区和气候保护法
2007 年 10 月	AB118	替代燃料和车辆技术
2007 年 8 月	SB97	编制减缓温室气体排放或温室气体排放的影响指南
2006 年 9 月	SB107	加利福尼亚公用事业委员会可再生能源资源计划
2006 年 9 月	AB32	2006 年加利福尼亚全球变暖解决方案
2006 年 8 月	SB1	加利福尼亚百万太阳能屋顶计划
2006 年 7 月	AB1803	温室气体清单
2002 年 9 月	SB1078	加利福尼亚可再生能源标准计划
2002 年 7 月	AB1493	客运汽车温室气体标准
政府执行令		
2015 年 4 月	B － 30 － 15	设定 2030 年温室气体排放在 1990 年的基础上下降 40% 的目标
2012 年 4 月	B － 18 － 12	要求加州机构大幅减少能源购买和温室气体排放，制订氯酸建筑行动计划

续表

时 间	名 称	主要内容
2012 年 3 月	B‑16‑12	要求加州机构加快推动零排放车辆的商业化，并设定 2050 年加州交通行业温室气体排放在 1990 年的基础上下降 80% 的目标
2008 年 11 月	S‑13‑08	指示加州机构通过气候适应战略来制订海平面上升和气候影响的计划
2007 年 1 月	S‑01‑07	设定 2020 年低碳燃油标准
2006 年 10 月	S‑02‑06	确定联邦环保署加州秘书处在应对气候变化中的职能和作用
2006 年 4 月	S‑06‑06	指导联邦环保署加州秘书处参与生物能源机构间工作组，负责可再生资源中生物燃料和生物能源问题
2005 年 6 月	S‑03‑05	制定温室气体减排目标，创建气候行动小组
2004 年 12 月	S‑20‑04	指示政府机构到 2015 年将国有建筑的能源使用量减少 20% 并提高能效
标准体系		
2014 年 7 月	建筑能效标准	确定新建建筑物的能源和水效率要求以及室内空气质量要求
2012 年 8 月	车辆温室气体排放标准	设定车辆平均温室气体尾气排放的上限
2011 年 1 月	低碳燃料标准	鼓励加州生产和使用更清洁的低碳燃料
2006 年 2 月	电厂温室气体排放标准	规定电厂排放标准

资料来源：林炫辰、李彦、李长胜：《美国加州应对气候变化的主要经验与借鉴》，《宏观经济管理》2017 年第 4 期。

（二）中东国家："专门国家政策 + 分散立法"模式为发展中国家提供借鉴

从当前世界各国应对气候变化的政策及法律发展趋势看，发展中国家特别是受气候变化影响较大的一些国家，已经成为全球推动气候变化立法、谈判的主要力量。中东地区是受全球气候变化影响较大的区域，其应对气候变化的法律与政策体系日益完善，特别是约旦、以色列两个国家有专门应对气候变化的国家政策体系。整体来看，中东地区各国应对气候变化的法律与政策模式大致可以总结为"专门国家政策 + 分散立法"模式，约旦、以色列是其典型代表，这两个国家分别构建了专门的应对气候变化的政策体系，再辅之以相应的分散式单行法，取得了一定的效果。[①]

1. 约旦

作为世界上水资源极为短缺的国家之一，约旦应对全球气候变化的态度是中东地区各国中最为积极的。2013 年，约旦发布了《应对气候变化国家计划（2013～2020）》。该计划是约旦政府专门针对气候变化发布的国家综合性政策文件，也是中东地区第一个发布综合性政策文件应对气候变化的国家，奠定了其应对气候变化的政策框架基础，对中东地区其他国家有一定的示范效应。该计划确立了约旦应对气候变化的基本目标，主要包括以下三个方面的内容。第一，坚持低碳发展模式，确保国内水资源及农业资源发展的可持续性，形成一个健康稳定的且能够持续应对气候变化的生态体系，积极降低气候变化对约旦经济社会发展的影响，提升国家应对气候变化的能力。第二，提升国家防范气候变化风险的能力，重视生态系统对气候变化的引导作用，关注气候变化过程中弱势群体的利益，增强社会发展的弹性。第三，减弱气候变化对约旦经济社会发展的影响，但更要提升国家整体适应气候变化的能力，特别是适应水资源及农业资源脆弱性的能力。

2. 以色列

以色列是著名的沙漠国家[②]，也是一个沿海国家，淡水资源极度

---

① 於世成、杨俊敏：《中东地区国家应对气候变化法律与政策之检视》，《河北法学》2017 年第 7 期。

② 以色列是一个沙漠国家，采用高科技综合治理，将沙漠变为绿洲。具体措施如下。一是加大循环水的使用力度，把工业与城市生活产生的污水集中进行净化处理后二次用于农业生产灌溉。对海水淡化后的生活使用水亦如此处理。二是不断增建集水设施，最大限度地收集和存储雨季的天然降水资源，在农耕时用于生产种植。三是推广普及压力灌溉技术和方法。压力灌溉包括喷灌和滴灌两种方式。

匮乏，气候变化引起的海平面上升威胁到其国土安全。以色列积极应对气候变化，是 UNFCCC① 的第一批缔约国，也是最早批准 KP②的国家之一。在 2009 年哥本哈根气候大会以及 2015 年巴黎气候大会上，以色列政府多次承诺，在 2020 年之前，要减少 20% 的温室气体排放。为了实现这个目标，以色列出台了应对气候变化的专门国家政策并制定了一系列单行法律法规。2011 年，以色列政府批准了 22 亿新谢克尔（约合 41.58 亿元人民币）的财政预算，重点支持能源、交通、住建等部门，鼓励其国内公共部门和私人部门的技术创新。在这个计划的带动下，以色列国内的相关企业、市政部门加大了对减排计划的配套资金支持力度，取得了较好的政策效果。同年，以色列能源部制定了《能源使用条例》，确立了电灯最低能耗标准，禁止销售、使用不符合能耗标准的电灯。2013 年，以色列环保部出台了《削减空气污染行动计划》，该计划实际上是对 2008 年通过的《清洁空气法》的一个细化措施。其具体内容包括加大对机动车更新和报废的检测力度，加强对采石场等建材场所的监管，推行新能源公共交通工具的试点工作，鼓励民众使用公共交通工具出行，等等。

从中东国家应对气候变化的具体举措来看，当前广西在制定应对气候变化政策及立法过程中，关注的重点不应是"减缓气候变化"，而应是"适应气候变化"，按照自然禀赋形成适合自身经济社会持续发展的法律与政策体系。

（三）德国：完善的应对气候变化管理机构框架

德国是积极应对气候变化的主要发达国家之一，非常重视应对气候变化带来的挑战。早在 1987 年德国政府就成立了应对气候变化

---

① UNFCCC 即《联合国气候变化框架公约》（United Nations Framework Convention on Climate Change），于 1992 年 6 月 4 日在巴西里约热内卢举行的联合国环境与发展大会上通过。《联合国气候变化框架公约》是世界上第一个为全面控制二氧化碳等温室气体排放，以应对全球气候变暖给人类经济和社会带来不利影响的国际公约。

② KP 即《京都议定书》（Kyoto Protocol）。

的机构——大气层预防性保护委员会；1990 年成立跨部门工作组——
"二氧化碳减排"工作组；1992 年签署联合国《21 世纪议程》等国
际保护气候公约；1995 年在柏林举办世界气候框架公约大会；1997
年签署《京都议定书》；2000 年德国议会通过《国家气候保护计
划》，并于 2005 年再行修订，增加了许多具体行动计划；2008 年发
布《适应气候变化战略》；2011 年发布《适应气候变化战略的行动
规划》；2014 年德国联邦议会通过《气候保护行动方案 2020》；2016
年制定《气候保护计划 2050》。① 德国是一个联邦制国家，由 16 个
联邦州组成，根据《德意志联邦共和国基本法》的规定，联邦政府
负责涉及全国的国防、外交等政策以及教育、文化等方面总体政策
的制定，各州政府负责本州文化、教育等方面的具体管理。气候变
化行政管理同样由德国联邦政府和各州政府共同承担，相较于其他
事务来说，更多地采取自上而下的形式，即联邦政府制定法规和政
策，各州政府负责具体落实执行。在德国联邦层面，联邦各部及其
下设的联邦署（局）不仅负责法规和政策的具体执行管理，而且负
责法规或项目的起草和立项。德国应对气候变化行政管理体系涉及
的联邦部门主要有 5 个，分别是德国联邦环境、自然保护、建筑和
核安全部（以下简称联邦环境部），德国联邦教育与研究部（以下
简称联邦教研部），德国联邦经济与能源部（以下简称联邦经济
部），德国联邦交通与数字基础设施部（以下简称联邦交通部），德
国联邦食品和农业部（以下简称联邦农业部）。各部门各司其职，在
德国可持续发展委员会的统一协调下，从立法立项、执行管理、科
学研究以及咨询评估建议四个层面构建德国应对气候变化管理机构
框架（见图 3 – 1）。

---

① 何霄嘉、许伟宁：《德国应对气候变化管理机构框架初探》，《全球科技经济瞭望》2017
年第 4 期。

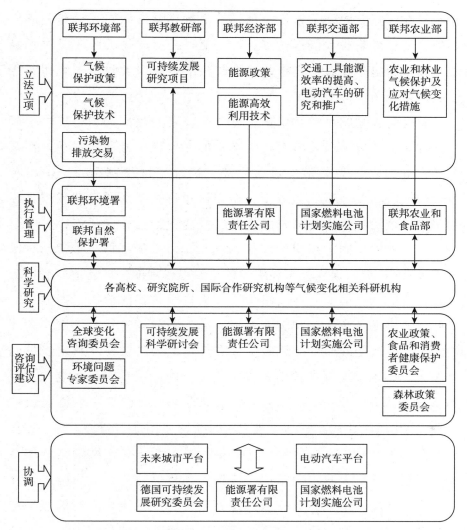

图 3 - 1 德国应对气候变化管理机构框架

（四）英国：以政治共识推进政策落实

英国是发达国家中较早应对气候变化的国家。长期以来，英国非常重视应对气候变化政策的制定、实施以及国际合作。英国气象局哈德莱中心①（MOHC）的气候资料分析、气候模式和气候预测预

———————

① 英国气象局哈德莱中心是世界著名气候变化研究中心，在气候科研方面享有很高的盛誉。

估水平在国际上均处于领先地位，其坚持科学的顶层设计和一体化的模式发展思路非常值得借鉴。特别值得一提的是英国在应对气候变化领域的施政经验，其将共识性的科学信息用于政策决策和实践中，值得各国参考学习。①

首先是积极应对气候变化已经成为普遍的政治共识。英国政府对气候变化的威胁以及应对气候变化的必要性已经达成共识，在政治共识上的立法为英国应对气候变化确立了法律基础。英国出台《气候变化法案》，成为世界上首个以法律形式明确中长期减排目标的国家。该法案作为英国政府应对气候变化的综合性法案，赋予政府更大的权力以制定相应的政策法规，提出了制订每 5 年为一时段的碳预算②计划、建立公司温室气体排放报告制度、提高适应能力等要求。目前，气候变化已经超越了形成科学共识的阶段，积极应对的政治共识在各政党之间完全形成，剩下的就是进行范围更广的政治动员。其次是气候变化风险认知和评估成为气候变化科学发展的新领域。《IPCC 第五次评估报告》的亮点之一就是对气候变化风险的认识和评价。2015 年 7 月正式发布的由英国科学家主持完成的《气候变化风险评估》对这一理念进行了深入阐述和分析，在一定程度上深化了 IPCC 报告的结论。该报告认为气候变化风险是非线性的，而且充满巨大的不确定性。该报告还将保险公司对风险进行评估的理论和经验纳入气候变化风险评估中，提供更加直观的经济量化概念。国内气候变化影响评估工作应将风险评估放到更加重要的位置，并广泛融合自然科学和社会经济科学的知识，加强与英国的深入合作。最后是积极促进巴黎气候大会形成有效的框架。2015 年底举办的巴黎气候大会是全球共同关注的焦点。在《中欧气候变化

---

① 胡剑波、任亚运：《国外低碳城市发展实践及其启示》，《贵州社会科学》2016 年第 4 期。
② 碳预算（Carbon Budget）是英国在某一特定时期内温室气体排放总量的上限，在碳预算体系下，现在至 2050 年排放的每一吨温室气体都将计算在内。如果某一行业的排放量增加，则需确保其他行业的排放量减少。

联合声明》《中英气候变化联合声明》的基础上，中英两国致力于达成公平有效的《巴黎协定》，在应对气候变化目标、责任分担、资金、技术转让等关键问题上达成框架性共识。

二　国内应对气候变化的主要举措

（一）上海市：城市应对气候变化综合灾害风险治理创新实践

灾害风险管理是适应气候变化不可或缺的重要组成部分，是气候变化的首要内容，尤其是在中国城市化提升阶段，城市发展迫切需要增强灾害风险管理的意识和能力。被动的应急风险管理更多基于已产生的不利后果，而主动的灾害风险管理更多面向未来的风险，并有助于取得更好的成效。上海市在这方面有很好的基础。为实现科学决策和提高灾害风险应急管理能力，上海市整合城市网格化综合管理与应急管理模式，将风险管理与应急管理相结合，在进一步细化风险和部门职责的基础上将政府职能部门进行整合，促进人员、信息、资源共享，积极探索政府和社会资源整合的工作机制，从而实现由被动应急管理机制向主动风险管理机制的转变。①

一是建立跨部门的预警信息发布中心，强化部门间的风险管理决策联动。灾害风险管理与适应气候变化是典型的跨部门公共管理问题，跨部门合作已经成为国家和地方层面治理创新实践的一种现实模式。2013 年 2 月 6 日，上海市突发事件预警信息发布中心成立，该中心试行 24 小时值守，整合广播、电视、报刊、互联网、微博、手机短信、电子显示屏等信息发布渠道，可发布 5 个部门 20 种预警信息。二是建立红色预警应急处理联动机制，有效缩短城市应对灾害风险的处理时效。2014 年 1 月，上海市出台《关于本市应对极端天气停课安排和误工处理的实施意见》，针对可能发生的对社会和公

---

① 王伟光、刘雅鸣主编《应对气候变化报告（2017）》，社会科学文献出版社，2017。

众影响较大的台风、暴雨、暴雪、道路结冰等气象灾害分别制定了应急预案，并按照气象灾害发生的紧急程度、发展态势和可能造成的危害程度，明确了在一级（红色）、二级（橙色）、三级（黄色）、四级（蓝色）预警级别下的应急响应措施，提出如遇台风、暴雨、暴雪、道路结冰四类红色预警，各中小学校（含幼托园所、中等职业学校等）自动停课的应对措施。三是建立多灾种早期预警系统，探索全市参与的防灾减灾体制。上海市多灾种早期预警系统主要致力于灾害的早发现、早通气、早预警、早发布和早联动，强化"政府主导、部门联动、社会参与"的防灾减灾体制机制，研究气象因子①与城市积涝、城市交通、人体健康、流行性疾病、能源供应等关系密切行业的因变规律，探索开展灾害性天气影响预报和风险预警。2014 年，建立了气象灾害应对总体预案和 5 个专项预案，25 个部门建立了 36 类标准化部门联动机制，14 个部门建立了资料共享机制，6 个部门联合开展了技术合作。四是推动城市气候变化风险管理政策措施和工程技术创新，成立专门的气候变化研究机构，开展适应气候变化基础研究工作，将适应气候变化基础能力建设写入城市发展专项规划，利用金融保险等创新手段探索气象灾害风险转移机制，开展社区气象灾害风险普查，结合智慧城市建设实施社区风险管理工程。五是着力于气候变化科普教育，引导公众增强城市防灾减灾意识，借助世博会等重大社会活动宣传气候变化知识，开展气象灾害防范进校园活动，提高气象防灾避险能力，针对气候变化科技和管理工作者定向开展提高气候变化科学认识等活动。

（二）长沙市：非试点城市开展生态海绵社区建设举措

海绵社区是海绵城市建设的重要内容，海绵城市能够最大限度地实现雨水在城市区域的积存、渗透和净化，促进雨水资源的科学

---

① 气象因子是指影响其他事物发展变化的气象原因或条件，可以是某一种气象要素或其变化，也可以是多种气象要素的综合或其变化。

管理和利用，同时改善城市热岛效应和大气质量，提高生物多样性水平，实现城乡生态环境保护的战略目标。海绵城市的建设，就是要在流域、区域、社区三个空间尺度上构建经过总体设计安排的海绵体，恢复城市的自然调节属性，减缓社区、城市对江河湖泊的洪涝压力、生态环境压力和气候变化压力。

　　长沙市根据国家海绵城市试点的技术导则以及生态社区建设规范相关要求，设计了海绵社区的建设思路，主要内容是通过社区新建或改造，实施"低影响开发绿地系统"示范工程，在施工建设中达到相关技术规范，并注重后期的养护与维护。① 海绵社区的主要建设内容包括以下几个方面（见图 3 - 2）。

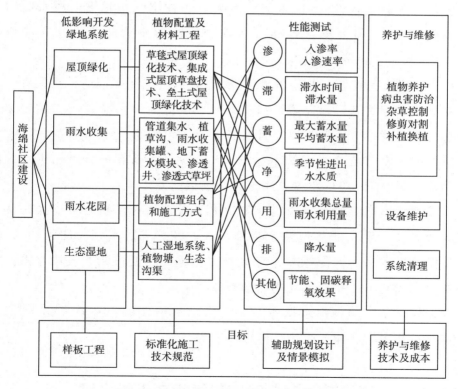

图 3 - 2　海绵社区的建设思路与内容设计

---

　　① 王伟光、刘雅鸣主编《应对气候变化报告（2017）》，社会科学文献出版社，2017。

一是屋顶绿化。屋顶绿化采用草毯式屋顶绿化技术、集成式屋顶草盘技术、垒土式屋顶绿化技术三种方式进行，具体施工具有便捷高效、即铺成坪的优势。需要测定的主要性能参数包括蓄水能力（最大蓄水量、平均蓄水量）、基质流失率、季节性水质、不同降水情景（小雨、大雨、暴雨）下的滞水时间及滞水量、节能效果（屋面温度对比、室内温度对比、平均日节能量、节能总量）、固碳释氧效果等。

二是雨水收集。雨水收集包括屋面雨水收集和地面雨水收集，应因地制宜，可采用管道集水、植草沟、雨水收集罐、地下蓄水模块、渗透井、渗透式草坪等多种方式。需要测定的参数包括雨水收集量（安装流量计）、雨水迟滞效果（不同降水情景下的滞水时间及滞水量）、雨水渗透性能（入渗速率、雨水渗透系数、入渗率等）、水质变化等。

三是雨水花园（生态滤池）。雨水花园可采用不同的植物配置组合和施工方式进行，包括 5～10 个小型雨水花园（生态滤池），根据现场条件将每个雨水花园的面积控制在一定空间（面积和深度）内。按照国家发布的《海绵城市建设技术指南——低影响开发雨水系统构建（试行）》中的雨水花园建设标准进行施工。

四是生态湿地。因地制宜采用人工湿地系统、植物塘、生态沟渠等方式，生态产品包括水生植物毯、鹅卵石、草毯、防渗布等。按照国家发布的《海绵城市建设技术指南——低影响开发雨水系统构建（试行）》中的下沉式绿地标准进行施工。主要的性能测试内容包括蓄水能力、雨水迟滞效果、雨水渗透性能、水质净化效果、植物抗病虫害功能、生物多样性性状等。

第三节　对广西应对气候变化的启示

针对国内外应对气候变化的先进经验，结合广西应对气候变化的实际，总结出以下启示。

一 完善相关政策制度是应对气候变化的首要工作

从美国加州"三位一体"的法规政策、中东国家"专门国家政策＋分散立法"的模式以及德国完善的应对气候变化管理机构框架来看，政策支持和制度规范是应对气候变化首要且最重要的工作之一。广西要在现有的发展基础和条件下完善相关政策，严格限制高污染、高排放行业继续排放，用政策倒逼企业加快转型。加强应对气候变化领导小组对全区应对气候变化工作的组织领导，健全节能和应对气候变化管理机制。组织实施国家应对气候变化的重大战略、方针和对策，统一部署应对气候变化工作，协调解决应对气候变化工作中的重大问题，研究审议重大政策建议，协调、管理全区减缓和适应气候变化的相关活动，推动应对气候变化相关研究和管理制度建设。

二 强化风险认知和评估是应对气候变化的重要保障

从英国对气候变化的风险认知和评估来看，充分了解应对气候变化的风险是极其重要的，提升应对气候变化的风险认知和评估水平，是未来广西应对气候变化的一个新领域和新方向。因此，应掌握气候变化对基础设施、产业、水资源、土壤、生态环境及人体健康等要素的影响，并对影响程度进行评估。针对极端天气造成的影响，对现有的市政工程、居民建筑、交通设施、电力设施等进行监测和评估。评估水库容量对长期干旱和暴雨洪涝的承受力，评估大中型河道抗暴雨洪涝的能力。开展对人体健康的监测，包括对虫媒传染病、介水传染病、季节性传染病以及高温、空气污染等对人体健康影响的评估。通过这些举措，提高人们对气候变化风险的认知，从而达到改善气候环境的目的。

三 增强城市防灾减灾意识、倡导低碳生活是应对气候变化的基础

从上海市应对气候变化的创新实践来看，培养城市居民的防灾减灾意识非常重要，上海市着力于应对气候变化科普教育工作，积极引导公众增强城市防灾减灾意识，努力借助世博会等重大社会活动宣传气候变化知识，开展气象灾害防范进校园活动，提高气象防灾避险能力。广西应积极提升城市应对气候变化能力，以百色市全国气候适应型低碳城市建设试点为契机，努力引导居民增强城市防灾减灾意识。同时，积极做好节能环保、低碳生活宣传普及工作，加强舆论引导和政策规制，鼓励群众形成绿色、低碳的生活方式。引导居民形成绿色消费观念。支持居民绿色出行，更多地选择公共交通、自行车或步行的方式出行。引导居民开展绿色回收，强化对废旧物品的再利用。对开展家庭照明、空调等设备低碳化改造的居民给予一定补贴。鼓励有条件的农户建设沼气池，利用生物质能取暖、发电，并提供相应技术支持。

四 强化科技支撑是应对气候变化的有效抓手

从英国气象局哈德莱中心在英国应对气候变化过程中发挥的作用和做出的贡献来看，掌握高端的气候监测预测及预估技术非常重要，这对应对气候变化工作具有重要意义。广西应努力学习英国应对气候变化的思路模式，加强应对气候变化的理论学习，做好气候变化数据信息的收集、统计。加强统计、核算人才队伍建设，提高统计、核算数据的精准程度，对重点用能单位开展跟踪分析和督促检查。建立健全监督考核机制，确保能源节约和碳排放控制目标的实现。以统计数据为依托，完善能源消费和碳排放总量预警制度，提升气候变化监测水平。深入落实《国家温室气体清单编制指南》

《重点行业企业温室气体排放核算方法与报告指南（试行）》等提出的举措，加快构建区、市、县三级温室气体排放核算体系。

五　加快低碳产业发展是应对气候变化的根本出路

发展低碳产业是应对气候变化的重要工作，是降低经济发展对碳基能源过度依赖的重要途径。从国内外的一些经验和举措不难看出，大力发展低碳产业成为推动低碳经济发展的重要工作。促进低碳产业发展可以从以下几个方面来抓。一是努力构建现代产业体系。推动传统产业低碳升级，积极向现代产业集群转型升级，整合提升产业链、价值链和供应链，以产业集群的规模经济和范围经济，以及较大规模的循环经济实现产业低碳升级。二是改造传统高耗能产业。根据广西工业高质量发展要求，对标对表，促进高耗能产业和高新技术产业互动发展。大力改造高耗能产业，降低高耗能产品产量，减少产品"内涵能源"。三是培育新能源产业，壮大低碳产业集群。发展新能源是减碳的重要措施，因此应把风电、光伏等新能源产业作为新兴产业培育，推动工业转型升级。规划建设新能源产业基地，以新能源和新能源设备制造产业为重点，培育壮大低碳产业集群。

|第四章|

核心之要：广西应对气候变化的
总体思路

　　本章重点研究并提出广西应对气候变化的总体思路，主要内容如下。一是总体思路及基本原则。在对国内其他省（自治区、直辖市）《国民经济和社会发展第十三个五年规划纲要》及《应对气候变化实施方案》中有关发展思路、基本原则进行研究的基础上，通过系统梳理，并结合广西发展实际，对之前广西应对气候变化所提出的总体思路和基本原则做进一步的完善提升。二是应对气候变化指标体系构建。通过对广西"十三五"期间各专项发展规划的系统梳理，提炼出一套具有较强综合性和代表性的应对气候变化指标体系，用于指导广西应对气候变化工作。

第一节　总体思路及基本原则

　　国家高度重视应对气候变化工作，在多个场合开展双边和多边会议，积极倡导全球应对气候变化工作。党的十九大报告提出"要坚持和平发展道路，推动构建人类命运共同体"，其中就讲到了"要坚持环境友好，合作应对气候变化，保护好人类赖以生存的地球家园"。

应对气候变化的总体思路是广西应对气候变化工作的顶层设计，必须充分体现习近平新时代中国特色社会主义思想，贯彻落实新发展理念，以供给侧结构性改革为主线，努力实现经济社会高质量发展。

一　总体思路

从各地《国民经济和社会发展第十三个五年规划纲要》以及《"十三五"控制温室气体排放工作方案》中有关应对气候变化的相关资料来看，东部、东北、中部以及西部地区均提出不同的应对气候变化总体思路设想。例如，北京市更多地强调以人为本，提出加强科技支撑，将应对气候变化的要求纳入北京市经济社会发展的全过程。广东省提出大力增加森林碳汇，增强重点领域适应气候变化能力。浙江省提出构建低碳产业体系，调整能源结构，营造低碳生态环境。贵州省提出大力推进科技创新和制度创新，充分发挥市场配置资源的决定性作用和更好地发挥政府作用（见表4-1）。各地提出的应对气候变化总体思路的方向相似，但在发展路径上存在一定的差异，主要体现在以下几个方面。

表4-1　各地应对气候变化总体思路

地区	总体思路
北京	加强科技支撑，将应对气候变化的要求纳入北京市经济社会发展的全过程，统筹并强化气候敏感脆弱领域、区域和人群的适应行动，全面增强全社会的适应意识，提升适应能力，有效维护公共安全、产业安全、生态安全和人民生产生活安全
天津	坚持全面行动和重点突破兼顾、削减存量和控制增量并重，统筹结构优化、能效提升、污染治理，强化政策协同、科技创新、市场驱动、示范引领和全民参与，以强度和总量双控推动供给侧结构性改革与消费端转型，有效控制温室气体排放，为全市经济社会可持续发展和美丽天津建设做出更大贡献
山东	以控制温室气体排放、增强可持续发展能力为目标，以保障经济发展为核心，以节约资源、优化能源结构、加强环境保护和生态建设为重点，以科技进步为支撑，转变经济发展方式，不断提高适应气候变化能力，努力控制和减缓温室气体排放，促进经济社会的可持续发展，实现人与自然的和谐统一

地区	总体思路
江苏	坚持以科学发展观为指导，将应对气候变化与实施可持续发展战略、加快建设资源节约型和环境友好型社会结合起来，纳入经济社会发展总体战略框架。大力发展循环经济，保护生态环境，着力控制温室气体排放，增强适应气候变化能力，全面促进经济发展与人口、资源、环境相协调
上海	以能耗和碳排放总量及强度双控为统领，以产业结构调整和能源结构优化为关键，以强化法律约束和完善市场机制为保障，以节能低碳技术创新和产业发展为支撑，以全社会共同参与和监督推进为基础，有效控制能源消费和温室气体排放，全面提升适应气候变化能力，在全国率先形成绿色低碳的发展方式、生活方式和消费模式
广东	以建设美丽广东为引领，以体制机制创新为主线，加快构建低碳产业体系和低碳能源体系，大力增加森林碳汇，有效控制工业、城乡建设、交通、农业和废弃物处理领域的温室气体排放，增强重点领域适应气候变化能力，为新常态下经济社会发展实现绿色低碳转型、在全面建成小康社会和加快建设社会主义现代化新征程上走在前列提供坚实保障
浙江	以体制机制创新为主线，优化低碳发展布局，构建低碳产业体系，调整能源结构，培养低碳生活方式，营造低碳生态环境，为高水平全面建成小康社会和"两美"现代化浙江建设提供坚实支撑
福建	以技术进步为先导，以体制机制创新为动力，着力推进绿色发展、循环发展、低碳发展，加快建立以低碳为特征的产业体系和生活方式，有效控制温室气体排放，提升适应气候变化能力，促进经济社会可持续发展，努力实现"百姓富、生态美"有机统一
辽宁	把低碳发展作为全省生态文明建设的重要途径，积极发挥市场机制作用，综合运用调整产业结构、发展非化石能源、节约能源和提高能效等多种手段，有效控制温室气体排放，建立和完善有利于低碳发展的体制机制，逐步形成以低碳为特征的产业体系和消费模式，促进全省经济社会可持续发展
江西	坚持减缓与适应并重、科技创新与制度创新并举，不断调整经济结构、优化能源结构、提高能源效率、增加森林碳汇，有效控制温室气体排放，努力走出一条具有江西特色的经济社会发展与应对气候变化双赢的可持续发展之路，打造美丽中国"江西样板"
湖北	以构建绿色循环低碳生产方式和消费模式为主线，以技术进步为支撑，以试点示范为切入点，强化倒逼机制，加快产业绿色改造升级，优化能源结构，增强应对气候变化能力，推动全社会共同参与，全面完成应对气候变化和节能目标，推动湖北省绿色发展走在全国前列，确保实现"率先、进位、升级、奠基"总体目标

续表

地区	总体思路
湖南	以有效减控温室气体排放为核心，以调整优化产业结构、能源结构、消费结构为重点，以体制机制创新、科技创新为支撑，增加生态碳汇，促进资源循环综合利用，加强重点领域适应气候变化的能力建设，全面提升应对气候变化的水平，为建设天蓝、地绿、水清的美丽湖南做出贡献
山西	以科技创新和制度创新为动力，以优化产业结构和能源结构、加强能源节约、增加碳汇为手段，主动控制碳排放强度，着力推进高碳产业低碳发展和黑色煤炭绿色发展，努力走出一条符合自身特色的经济发展和控制温室气体排放双赢的可持续发展之路
甘肃	坚持节约资源和保护环境的基本国策，遵循节约优先、保护优先、自然恢复为主的方针，突出抓好重点地区、领域节能降碳和适应气候变化工作，积极适应经济发展新常态，确保按期完成国家下达的节能降碳目标任务
云南	坚持科技创新、管理创新和体制机制创新，健全法规标准和政策体系，不断调整经济结构、优化能源结构、提高能源效率、增加森林碳汇，有效控制温室气体排放，不断提高适应气候变化能力，争当生态文明建设排头兵，实现云南可持续发展
贵州	充分发挥市场配置资源的决定性作用和更好地发挥政府作用，加强碳排放和大气污染物排放协同控制，强化低碳引领，推动能源革命和产业革命，推动供给侧结构性改革和消费端转型，积极参与应对气候变化，加快建成国家生态文明试验区
黑龙江	牢固树立创新、协调、绿色、开放、共享的发展理念，把低碳发展作为经济社会发展的重大战略和生态文明建设的重要途径，立足本省实际，以优化能源结构、控制工业排放、发展低碳交通、壮大低碳农业、增加生态碳汇为重点，协同控制温室气体排放和大气污染物排放，促进经济社会可持续发展
内蒙古	坚持减缓与适应并重，坚持碳排放与大气污染物排放协同控制，坚持科技创新与制度创新，不断调整经济结构、优化能源结构、提高能源效率、增加生态系统碳汇，有效控制温室气体排放，把祖国北部边疆这道风景线打造得更加亮丽
宁夏	以建设"美丽宁夏"为目标，以提质增效、转型发展和改革创新为主线，着重从调整结构、提高效率、挖掘潜力、延长链条等方面，综合运用经济、行政、法律等手段，全力推动节能降耗和循环经济工作，实现全区经济社会绿色、循环、低碳和可持续发展

续表

地区	总体思路
四川	加快科技创新和制度创新,健全激励和约束机制,发挥市场配置资源的决定性作用和更好地发挥政府作用,加强碳排放和大气污染物排放协同控制,强化低碳引领,推动能源革命和产业革命,推动供给侧结构性改革和消费端转型,推动区域协调发展,为促进四川省经济社会可持续发展和维护国家生态安全做出新贡献
重庆	深入实施五大功能区域发展战略,严守生态文明建设"五个决不能"底线,筑牢长江上游生态屏障,把低碳发展作为全市经济社会发展的重大战略和生态文明建设的重要途径,推动全市经济社会可持续发展

资料来源:各省(自治区、直辖市)人民政府网站及相关专项规划。

一是坚持科技创新和机制创新"双轮驱动"。如北京、山东都提出要加强科技支撑,广东、浙江、福建、江西、山西、云南、内蒙古、宁夏、四川等都提出要加快体制机制创新和制度创新,进一步调整经济结构,优化产业结构和能源结构。

二是将应对气候变化纳入经济社会发展全过程。如北京将应对气候变化的要求纳入经济社会发展全过程,江苏将应对气候变化纳入经济社会发展总体战略框架,黑龙江、重庆将低碳发展作为经济社会发展的重大战略和生态文明建设的重要途径。

三是强调应对气候变化过程中全民参与的重要性。如北京提出全面增强全社会适应气候变化意识,天津、上海、湖北等提出强化全民参与和全民监督,共同完成应对气候变化和节能目标。

四是加强温室气体排放控制,提升气候变化适应能力。如天津、山东、江苏、上海、广东、福建、辽宁、江西、湖南、山西、云南、贵州、黑龙江、内蒙古等都提出要有效控制温室气体和大气污染物排放,走出一条促进经济社会发展和控制温室气体排放双赢的可持续发展道路。

2017 年,广西印发实施的《广西"十三五"控制温室气体排放工作实施方案》《广西壮族自治区应对气候变化规划》《广西壮族自治区适应气候变化方案（2016～2020年）》，均提出了广西应对气候变化的相关思路。结合以上相关文件以及应对气候变化发展趋势和需求，提出如下总体思路：以习近平新时代中国特色社会主义思想为指导，全面贯彻党的十九大和十九届二中、三中全会精神，深入贯彻习近平总书记视察广西重要讲话精神，坚持党的领导，坚持稳中求进工作总基调，坚持新发展理念，落实高质量发展要求，紧紧围绕统筹推进"五位一体"总体布局和协调推进"四个全面"战略布局，以绿色成为普遍形态的高质量发展为要求，牢牢守住发展和生态两条底线，积极主动适应经济发展新常态，兼顾当前与长远，坚持减缓与适应并重，以推动产业转型升级、优化能源结构、提高能源效率、增加森林碳汇、增强适应能力为着力点，以控制重点领域排放和提升适应气候变化能力为主线，以科技创新和制度创新为保障，推行试点工程建设，加强基础能力和组织机构建设，推广低碳交通、低碳建筑、低碳生活方式，不断提升广西应对气候变化的能力，为建设壮美广西贡献力量。

二 基本原则

广西应对气候变化的基本原则要充分体现当前国家提出的经济高质量发展思路，高质量发展是能够很好地满足人民日益增长的美好生活需要的发展，是体现新发展理念的发展，是创新成为第一动力、协调成为内生特点、绿色成为普遍形态、开放成为必由之路、共享成为根本目的的发展。其中，"绿色成为普遍形态"是开展应对气候变化的关键目标所在。通过对国内相关省（自治区、直辖市）应对气候变化方案中提出的应对气候变化基本原则的比较分析，总结各地应对气候变化的基本规律和具有普遍价值的基本原则，综合提出广西应对气候变化的基本原则。

一是坚持统筹推进和重点突出相结合。牢固树立可持续发展观，把积极应对气候变化作为生态文明建设的重要内容，纳入经济社会发展全局统筹考虑，突出优化经济结构、节约能源资源、调整能源结构、增加森林碳汇、增强低碳意识、提高适应能力等重点环节，形成应对气候变化新格局。

二是坚持减缓和适应气候变化相结合。积极控制温室气体排放，努力处理好当前与长远的关系，最大限度地减缓温室气体排放。加强气候变化系统观测、科学研究和影响评估，提高基础设施适应能力，科学控制温室气体排放，统筹规划布局，积极适应气候变化。

三是坚持科技创新和制度创新相结合。加强科技创新和推广应用，加快低碳节能技术的引进、研发与推广应用，注重制度创新和政策设计，科学构建适应气候变化的技术支撑体系，加强应对气候变化体制机制建设，创新应对气候变化政策体系，增强适应能力。

四是坚持政府引导和社会参与相结合。强化政府对应对气候变化的引导和带动作用，广泛开展宣传教育活动，形成有效的激励机制和良好的舆论氛围。充分调动企业、公众和社会组织的积极性与主动性，提高企业的参与度，增强企业的社会责任感，形成全社会积极应对气候变化的合力。

第二节　应对气候变化指标体系构建

一　指标体系构建原则

广西应对气候变化指标体系构建不仅要反映当前的气候变化事实，而且要反映未来一段时间应对气候变化的思路和方法。选择指标时既要考虑应对气候变化的全面性，又要考虑应对气候变化的可操作性，进而构建一套系统完善、科学客观且便于操作的指标体系。广西应对气候变化的指标选择应集中体现以下五个原则。

一是突出指标围绕气候主题原则。衡量气候变化必须考虑各方面的影响因素，气候变化是各个领域气体排放对大气环境所造成的影响。每一个指标都应反映出某个领域的某一层面，这就要求评价体系尽可能体现综合性。所构建的指标体系在结构上应包括不同层次，体现出指标体系的内涵，突出气候的主题思想。

二是突出指标评测可比性原则。指标体系的可比性主要包括两个方面：一方面是评测指标体系中应尽量选择可比性较强的相对指标及人均指标；另一方面是指标体系中每一个指标的含义、统计口径和范围、计算方法与获取途径等应尽量一致，使其具有动态可比性和横向可比性。

三是突出指标操作独立性原则。研究所选择的各个指标应是相对独立的，从而使每个指标的作用得到充分发挥，但实际上应对气候变化的所有指标都具有一定的相关性，应尽量避免高度相关性指标。同时，指标体系中也不应出现同一指标反复使用的情形。换言之，指标之间不应该存在多重共线性关联。

四是突出指标实际可行性原则。评价指标应具有可计量性和可操作性，既要考虑指标体系的完整性和科学性，又要从实际出发，充分考虑资料获取的可能性，如果不能取得统一、全面的资料，也可以用相近指标来代替或舍弃。评价指标应尽可能利用现有统计数据和便于收集到的数据，以现有统计制度为基础进行指标筛选。

五是突出指标重点分类原则。突出重点领域和重点指标，重点领域以工业领域和交通领域为主。以 2016 年为例，工业领域的温室气体尤其是二氧化碳排放量占广西二氧化碳排放总量的比重高达70% 以上，从广西工业化进程来看，未来工业领域的二氧化碳排放量占广西二氧化碳排放总量的比重依然将处于较高的水平，而交通领域的二氧化碳排放量也将逐年增加。因此，构建指标体系应重点突出工业与交通领域。

二 相关指标解释

应对气候变化指标体系可以系统反映一个地区应对气候变化的总体水平和发展层次。应对气候变化指标体系分为两种类型：一是预期性指标，即主要基于碳源与碳汇角度考虑，对减缓温室气体排放、应对气候变化的碳源和碳汇指标的预期判断；二是控制性指标，即主要通过对大气污染排放及对气候变化影响较大的气体进行总量上的控制，进而达到减缓温室气体排放的目的。

（一）控制温室气体排放重点指标

控制温室气体排放着重强调通过对影响二氧化碳排放的关键指标进行控制，从总量、强度、比重以及碳汇建设等方面进行控制，从而达到控制温室气体排放的目的，这些指标主要包括单位地区生产总值二氧化碳排放、单位工业增加值二氧化碳排放、能源消费总量、单位地区生产总值能源消费、非化石能源占一次能源消费总量的比重、煤炭消费占能源消费总量的比重、天然气消费占能源消费总量的比重、战略性新兴产业增加值占地区生产总值的比重、服务业增加值占地区生产总值的比重、森林覆盖率、森林蓄积量、森林碳储量、湿地保有量等。

单位地区生产总值二氧化碳排放。通常用单位地区生产总值二氧化碳排放强度来衡量，即全社会能源消费折算或蕴含的二氧化碳排放量与全社会年度地区生产总值之比。其中，全社会能源消费折算或蕴含的二氧化碳排放量等于全社会能源消费中煤炭消费量、石油消费量、天然气消费量分别乘以对应的二氧化碳排放因子之和，加上省际电力调入蕴含的二氧化碳排放量，扣减电力调出蕴含的二氧化碳排放量。其单位通常以"吨标准煤/万元"表示，这一指标是反映二氧化碳排放强度的最重要的指标。

单位工业增加值二氧化碳排放。单位工业增加值二氧化碳排放是指一定时期内工业企业二氧化碳排放总量占工业增加值的比重，是反映工业企业二氧化碳排放强度的综合指标。二氧化碳排放最主要的领域是工业领域，工业生产特别是高能耗、高排放的领域能够产生大量的二氧化碳。因此，测度工业领域二氧化碳排放强度的指标就是单位工业增加值二氧化碳排放，其单位通常以"吨标准煤/万元"表示。

能源消费总量。能源消费总量是一定时期内全国或地区用于生产生活所消费的各种能源数量之和，是反映地区能源消费水平、构成以及增长速度的总量指标。其计算公式为：能源消费总量＝能源期初库存量＋一次能源生产量＋能源进口量（调入量）－能源出口量（调出量）－能源期末库存量。能源消费是产生二氧化碳的重要原因，而化石能源是二氧化碳的主要来源，因此控制能源消费总量也就是控制二氧化碳的排放。

单位地区生产总值能源消费。单位地区生产总值能源消费是指一定时期内一个国家（地区）每生产一个单位国内（地区）生产总值所消耗的能源。当国内（地区）生产总值单位为万元时，即为万元国内（地区）生产总值能耗。该指标能直观综合地反映能源消费所获得的经济成果，直接反映经济发展对能源的依赖程度，但无法全面反映能源的利用效率和产品能耗降低情况等。

非化石能源占一次能源消费总量的比重。非化石能源包括核能和可再生能源，可再生能源又包括水能和新能源，新能源是指风能、太阳能、生物质能、地热能、海洋能等可再生能源。发展非化石能源，提高其在总能源消费中的比重，能够有效降低温室气体排放量，保护生态环境，降低能源可持续供应的风险。非化石能源占一次能源消费总量的比重越高，说明一个地区的能源消费结构越合理，二氧化碳排放量越少，越有利于控制温室气体排放。

煤炭消费占能源消费总量的比重。煤炭消费是指造成重大污染的消费，以及过度开采、过度消耗等浪费性消费。煤炭消费会产生大量的二氧化碳。低效的燃煤发电厂、锅炉和炉窑，不合理的煤化工项目，以及散烧煤的大范围使用，导致煤炭在消费过程中排放过量的温室气体，影响了生态环境与居民的生活质量。因此，煤炭消费占能源消费总量的比重越低，二氧化碳排放强度就越低。

天然气消费占能源消费总量的比重。随着人类对生存环境质量的要求日益提高，天然气必将成为世界经济发展过程中最重要的替代能源。在能源消费结构中，天然气消费占据很大的比例，天然气消费占能源消费总量的比重对优化能源消费结构具有重要影响，比重上升，说明清洁能源消费的利用率在上升。

战略性新兴产业增加值占地区生产总值的比重。战略性新兴产业是以重大技术突破和重大发展需求为基础，对经济社会全局和长远发展具有重大引领带动作用，以技术密集度高、资源消耗少、成长潜力大、综合效益好为主要特征的产业。根据战略性新兴产业的特征，立足发展阶段和科技、产业基础，现阶段应重点培育和发展节能环保、新一代信息技术、生物医药、高端装备制造、新能源、新材料、新能源汽车等产业。战略性新兴产业增加值占地区生产总值的比重越高，说明该地区转型升级越好。由于战略性新兴产业具有的特点，壮大发展战略性新兴产业将显著减缓温室气体排放。

服务业增加值占地区生产总值的比重。服务业是指利用设备、工具、场所、信息或技能为社会提供服务的行业，包括代理业、旅店业、饮食业、旅游业、仓储业、租赁业、广告业和其他服务业。服务业的概念在理论界尚有争议，一般认为服务业是指从事服务产品生产的部门和企业的集合。服务产品与其他产业产品相比，具有非实物性、不可储存性以及生产与消费同时性等特征。服务业增加值占地区生产总值的比重越高，说明该地区经济发展水平越高。服务业占比的提高，意味着第一产业或第二产业占比的下降，而工业领域是产生温室气体的主要领域，服务业占比情况在某种程度上能够反映温室气体的排放情况。

森林覆盖率。森林覆盖率是反映森林资源丰富程度和生态平衡状况的重要指标，是指一个地区森林面积占土地总面积的比重。在计算森林覆盖率时，森林面积包括郁闭度①在0.2以上的乔木林地面积和竹林地面积，国家特别规定的灌木林地面积、农田林网，以及"四旁"（村旁、路旁、水旁、宅旁）林木的覆盖面积。

森林蓄积量。森林蓄积量是指一定面积森林中现存各种活立木的材积总量。它是反映一个国家或地区森林资源总规模和水平的基本指标之一，也是反映森林资源丰富程度、衡量森林生态环境优劣的重要依据。②

森林碳储量。森林碳储量是指碳元素在森林中的储备量，即森林碳元素的质量或物质的量。森林生态系统作为陆地生态系统最大的碳库，其碳交换对全球碳平衡具有重要影响。有关森林碳储量这一指标的解释内容不多，事实上森林碳储量在某种程度上就是指森林碳汇，也就是森林植被吸收大气中的二氧化碳并将其固定在植被或土壤中。森林是陆地生态系统中最大的碳库，在降低大气中温室气体浓度、减缓全球气候变暖中具有独特的作用。

湿地保有量。湿地与森林、海洋并称为地球上的三大生态系统，在抵御洪水、调节气候、涵养水源、降解污染物、应对气候变化、维护全球碳循环和保护生物多样性等方面发挥着不可替代的作用，被誉为"地球之肾""物种宝库""储碳库"，是保障国家生态安全

---

① 郁闭度是指森林中乔木树冠遮蔽地面的程度，是反映林分密度的指标。郁闭度以林地树冠垂直投影面积与林地面积之比来衡量，以十分数表示，完全覆盖地面为1。简单地说，郁闭度就是指林冠覆盖面积占地表面积的比例。

② 该指标的主要计算方法为在森林中选取若干个面积一致、有代表性的样地，在每个样地内测量每株树的胸径、高度，并分别记清树木的种类，通常分成四类，即松类、杉类、软阔类、硬阔类。根据胸径、高度查阅相应树木种类的二元立木材积表，把样地内的所有单株蓄积加总，就是一个样地的蓄积。

和促进经济社会可持续发展的重要战略资源与稀缺资源。湿地是人类最重要的环境资本之一，也是自然界富有生物多样性和较高生产力的生态系统。

（二）适应气候变化重点指标

适应气候变化方面着重从各个领域进行指标分解，通过对重点领域的指标进行分解，以提高适应气候变化能力，减轻气候变化对经济社会发展和人民生活的不利影响。这些指标主要包括农业灌溉水有效利用系数、沼气产量、农村地区沼气清洁能源总户数、农作物秸秆利用率、农业废弃物资源化利用率、主要农作物耕种收综合机械化水平、节水农业技术覆盖率、既有公共建筑节能改造面积、绿色建筑推广比例、绿色建材应用比例、可再生能源建筑应用面积占新建建筑面积的比例、城市和县城生活垃圾无害化处理设施处理能力、城镇污水处理率、工业固体废物综合利用率、单位工业增加值用水量、节水灌溉面积等。

农业灌溉水有效利用系数。农业灌溉水有效利用系数是指在一次灌水期间被农作物利用的净水量与水源渠首处总引进水量的比值，是衡量灌区从水源引水到田间作物吸收利用水的过程中灌溉水利用程度的重要指标，也是集中反映灌溉工程质量、灌溉技术水平和灌溉用水管理水平的一项综合指标。

沼气产量。沼气是有机物质在厌氧环境中，在一定的温度、湿度、酸碱度条件下，通过微生物发酵作用而产生的一种可燃气体。沼气产量主要取决于农村每户拥有沼气池的数量。综合利用沼气池是改变农村环境的重要途径。综合利用好沼气池不仅可以节约能源、改善和保护环境，而且具有节约化肥和农药、提高农作物产量和质量、促进和带动养殖业发展等诸多优势。

农村地区沼气清洁能源总户数。农村地区沼气清洁能源总户数是指农村地区使用沼气进行清洁能源利用的户数，这一指标的值越大，农村地区的污染就越小，对应对气候变化具有重要作用。

农作物秸秆利用率。农作物秸秆是农村面源污染的主要来源，夏收和秋冬之际，大量秸秆在田间被焚烧，产生了大量浓烟，这不仅成为农村环境保护的瓶颈问题，而且成为城市环境污染的重要原因，因此提高农作物秸秆利用率对改善环境、减少污染具有重要作用。此指标在广西的影响不如在北方大，秸秆焚烧造成的污染主要集中在冬季，东北地区表现尤为明显。

农业废弃物资源化利用率。农业废弃物是丰富的物质和能量载体，蕴含巨大的能源和多种营养物质，需要在多方面展开深入研究。完善生产手段和方法，提高效率，使农业废弃物得到科学合理的资源化和无害化利用，变"废"为宝，建设可循环发展的生态农业，对改善大气环境具有很好的效果。

主要农作物耕种收综合机械化水平。农业机械是指在作物种植业和畜牧业生产，以及农畜产品初加工和处理过程中所使用的各种机械，包括农用动力机械、农田建设机械、土壤耕作机械、种植和施肥机械、植物保护机械、农田排灌机械等。其计算公式为：主要农作物耕种收综合机械化水平 = 机耕水平 × 40% + 机播水平 × 30% + 机收水平 × 30%。

节水农业技术覆盖率。节水农业技术主要包括主体技术和配套技术，其中主体技术包括集雨补灌技术、秸秆与地膜覆盖技术、深沟撩壕与等高种植技术、坡地生物篱（埂）技术，配套技术包括蓄水聚肥技术、避旱种植技术、生化调控技术、管灌及滴灌技术。节水农业技术覆盖率的提高可以有效节约利用水资源。

既有公共建筑节能改造面积。既有公共建筑节能改造面积是指对不符合民用建筑节能强制性标准的既有建筑的围护结构、供热系统、采暖制冷系统、照明设备和热水供应设施等实施节能改造活动的面积。

绿色建筑推广比例。绿色建筑的"绿色",并不是指一般意义上的立体绿化、屋顶花园,而是代表一种概念或象征,是指建筑对环境无害,能充分利用自然资源,并且在不破坏环境基本生态平衡条件下建造的一种建筑,又可称为可持续发展建筑、生态建筑、回归大自然建筑、节能环保建筑。该指标值越大,说明建筑节能效果越好,由建筑本身或者在建筑过程中产生的温室气体就越少。

绿色建材应用比例。绿色建材,又称生态建材、环保建材和健康建材,是指健康型、环保型、安全型的建筑材料,在国际上也称为"健康建材"或"环保建材"。绿色建材不是指单独的建材产品,而是对建材"健康、环保、安全"品性的评价,注重建材对人体健康和环保所造成的影响以及安全防火性能,具有消磁、消声、调光、调温、隔热、防火、抗静电等性能。该指标值越大,说明建筑所用绿色建材的应用越广泛,由建筑本身或者在建筑过程中产生的温室气体就越少。

可再生能源建筑应用面积占新建建筑面积的比例。可再生能源建筑主要包括利用太阳能发电的建筑,收集雨水、利用中水的建筑,使用可再生材料的建筑,采用新技术或改良设计使保温隔热效果更好的建筑,以及充分利用阳光的建筑。可再生能源建筑应用面积占新建建筑面积的比例这一指标用以衡量新建建筑在可再生能源利用方面的水平。该指标值越大,说明新建建筑节能减碳力度越大。

城市和县城生活垃圾无害化处理设施处理能力。生活垃圾无害化处理是指在处理生活垃圾过程中采用先进的工艺和科学的技术,降低垃圾及其衍生物对环境的影响,减少废物排放,做到资源回收利用的过程。生活垃圾无害化处理的工艺主要有卫生填埋、堆肥和焚烧三种。采用什么工艺去处理生活垃圾,要从当地的实际情况出发,结合垃圾成分、城市经济发展情况、公众生活习惯以及气象、水文、地质等条件,以最少的投资,最大限度地将垃圾在较短的时间内处理，使其达到无害化水平。

城镇污水处理率。污水处理是使污水达到某一水体或再次使用的水质要求而对其进行净化的过程。污水处理被广泛应用于建筑、农业、交通、能源、石化、环保、城市景观、医疗、餐饮等各个领域，也越来越多地走进寻常百姓的日常生活。城镇污水处理率是指经管网进入污水处理厂处理的城镇污水量占污水排放总量的比例。

工业固体废物综合利用率。工业固体废物是指在工业生产活动中产生的固体废物，分为一般工业固体废物（如高炉渣、钢渣、赤泥、有色金属渣、粉煤灰、煤渣、硫酸渣、废石膏、脱硫灰、电石渣、盐泥等）和工业有害固体废物。其计算公式为：工业固体废物综合利用率 = 工业固体废物综合利用量/（工业固体废物产生量 + 综合利用往年储存量）×100%。

单位工业增加值用水量。工业用水量是指工矿企业在生产过程中制造、加工、冷却（包括火电直流冷却）、空调、净化、洗涤等方面的用水，按新水取用量计，不包括企业内部的重复利用水量。其计算公式为：单位工业增加值用水量 = 年耗水量/工业增加值。

节水灌溉面积。节水灌溉是指在对农作物进行灌溉时采用先进的设备和手段，以最少的量满足农作物生长所必需的用水。一般要有水源保证，采取渠道防渗、管灌、喷滴灌等节水措施。节水灌溉面积包括渠道防渗面积、低压管道输水灌溉面积、喷灌面积、微灌面积和其他工程节水灌溉面积。

三　具体目标设定

通过前面章节对广西应对气候变化面临的基本形势的分析，结合相关指标解读及研究，本书提出广西应对气候变化的具体目标：到 2020 年，应对气候变化工作取得明显成效，温室气体排放得到有效控制，应对气候变化政策体系、体制机制进一步完善，试点示范取得显著成效，低碳理念深入人心，适应气候变化意识明显增强，经济社会实现可持续发展，形成全社会共同应对气候变化的良好格局。

控制温室气体排放目标全面完成。到 2020 年，广西单位地区生产总值二氧化碳排放比 2015 年降低 17%，碳排放总量得到有效控制。单位工业增加值二氧化碳排放比 2015 年降低 20%。能源消费总量控制在 12200 万吨标准煤以内，单位地区生产总值能源消费比 2015 年降低 14%。非化石能源占一次能源消费总量的比重有所下降，煤炭消费占能源消费总量的比重大幅下降，天然气消费占能源消费总量的比重逐步上升。森林覆盖率、森林蓄积量、森林碳储量进一步提高，湿地保有量进一步巩固，森林防灾减灾能力大幅提升，林业有害生物气象监测预警系统逐步完善。

适应气候变化能力大幅提升。到 2020 年，广西适应气候变化区域格局基本形成，主要气候敏感脆弱领域、区域和人群的脆弱性明显降低，适应气候变化能力明显增强，适应气候变化重点区域明确、重点任务全面落实。农业适应技术体系和技术标准初步建立并得到示范和推广，农业适应气候变化相关的指标任务得以完成，森林、湿地、海洋等生态系统得到有效保护，石漠化地区生态环境明显改善。最严格水资源管理制度基本建立，节水型社会建设取得明显进展。初步建立水土流失防治措施体系，新增综合治理水土流失面积 22 万公顷。基本形成适应经济社会新发展的防洪减灾体系，重点城市和防洪保护区防洪能力明显提高。海洋灾害监测预报预警系统基本完善，海域海岸带整治修复取得明显进展，海草及珊瑚礁分布与生长保持稳定。极端天气事件的卫生应急预案基本完善，建成应对气候变化引发的健康危害事件的卫生应急处置工作机制及监测预警网络，有效控制气候变化引起的重大传染病发生。

能力建设取得显著成效。到 2020 年，广西基本建立起应对气候变化的地方法规和政策体系框架，气候变化相关统计、核算体系逐步健全，人才队伍不断壮大，全社会应对气候变化意识进一步增强，全面融入全国碳排放权交易市场。

广西应对气候变化主要目标见表4-2。

表4-2 广西应对气候变化主要目标

	指标	单位	2017年	2020年	属性
控制温室气体排放	单位地区生产总值二氧化碳排放比2015年降低	%	6.33	17	控制性
	单位工业增加值二氧化碳排放比2015年降低	%	—	20	控制性
	能源消费总量	万吨标准煤	10458	12200	控制性
	单位地区生产总值能源消费比2015年降低	%	—	14	控制性
	非化石能源占一次能源消费总量的比重	%	29.78	21	控制性
	煤炭消费占能源消费总量的比重	%	50.05	<47	预期性
	天然气消费占能源消费总量的比重	%	1.79	7	预期性
	战略性新兴产业增加值占地区生产总值的比重	%	—	15	预期性
	服务业增加值占地区生产总值的比重	%	40.2	42	预期性
	森林覆盖率	%	62.31	62.5	控制性
	森林蓄积量	亿立方米	7.8	8	控制性
	森林碳储量	亿吨	3.9	4.2	控制性
	湿地保有量	万公顷	75.43	75.4	控制性
适应气候变化能力	农业灌溉水有效利用系数	—	0.486	0.500	预期性
	沼气产量	亿立方米	—	20	预期性
	农村地区沼气清洁能源总户数	万户	—	>400	预期性
	农作物秸秆利用率	%		85	预期性
	农业废弃物资源化利用率	%		>50	预期性
	主要农作物耕种收综合机械化水平	%		70	预期性
	节水农业技术覆盖率	%		30	预期性
	既有公共建筑节能改造面积	万平方米	—	1000	预期性
	绿色建筑推广比例	%		50	预期性
	绿色建材应用比例	%		30	预期性

指标		单位	2017 年	2020 年	属性
适应气候变化能力	可再生能源建筑应用面积占新建建筑面积的比例	%		50	预期性
	城市和县城生活垃圾无害化处理设施处理能力	万吨/日	—	2.87	预期性
	城镇污水处理率	%	93.6	95	预期性
	工业固体废物综合利用率	%	58	73	预期性
	单位工业增加值用水量	吨/万元	60	45	控制性
	节水灌溉面积	万公顷	—	120	预期性

注：受新建煤电机组装机规模较大、国际油价下跌、天然气"县县通"和来水量等因素影响，广西煤炭、石油、天然气仍将保持较快增长。综合考虑，预计到 2020 年，广西水电发电量将达到 630 亿千瓦时，核电、风电、生物质发电量预计分别为 110 亿千瓦时、54 亿千瓦时、30 亿千瓦时，非化石能源消费总量为 2650 万吨标准煤，约占全社会能源消费总量的 21.8%。详见《广西壮族自治区人民政府办公厅关于印发〈广西能源发展"十三五"规划〉的通知》（桂政办发〔2016〕104 号），2016 年 9 月 5 日。

四　其他相关补充

交通运输领域是温室气体排放的主要领域之一，汽车尾气排放会对大气环境造成严重污染。交通运输领域的温室气体排放可分为两类。一类是营运车辆的尾气排放。主要指标包括营运车辆单位运输周转量能耗、营运船舶单位运输周转量能耗、港口生产单位吞吐量综合能耗、营运车辆单位运输周转量二氧化碳排放、营运船舶单位运输周转量二氧化碳排放、港口生产单位吞吐量二氧化碳排放。另一类则是私家车的尾气排放。从交通运输领域能源消耗来看，未来 5 年以车辆运输为主导的能源消耗仍将呈现增长态势，由于针对私家车的能源消耗统计指标体系尚未建立，对这类能源消耗指标的测量始终是交通运输领域一个明显的"漏洞"。建议未来可以考虑通过大数据对广西境内加油站的汽车加油情况进行统计研究，全面掌握汽车尾气的排放量，包括营运车辆、私家车尾气排放的相关信息，开展面向广西交通运输领域的温室气体排放研究。

第五章

重点任务：广西应对气候变化的
重点领域

第一节　应对气候变化重点领域的选择

按照党的十九大精神，坚持把应对气候变化与实施可持续发展战略、加快建设资源节约型和环境友好型社会以及建设壮美广西结合起来，纳入广西经济社会发展总体规划和地区规划，落实到各部门以及相关领域的专业规划和行动计划中，采取一系列法律、经济、行政及技术等手段，减缓温室气体排放，提高适应气候变化的能力。根据广西温室气体排放现状、本地自然地理条件、经济发展阶段重点和相关技术发展态势，确定应对气候变化的重点领域及主要任务。

一　重点领域选择的基本要求

一是要与温室气体排放现状相结合。确定应对气候变化的重点领域，首先要了解温室气体排放现状，分析当前本地区分部门温室气体排放情况，如工业、农业、交通、建设、商业等部门，以及分行业温室气体排放情况，如食品、冶金、有色、电力、造纸等行业；

其次要根据"抓住重点、统筹兼顾"的原则，把主要的、排放量大的温室气体排放部门和行业确定为未来一段时间应对气候变化的重点领域。

二是要与本地自然地理条件相结合。气候、生态、水资源、地理位置、地形地貌、土地开发利用、化石能源、可再生能源等资源储量和分布不同，对减缓和适应气候变化也有不同的要求。对于生态脆弱地区，应将适应气候变化放在首位，限制或禁止高强度开发，避免人类活动对水源和植被的破坏；对于植树造林潜力大的地区，应将增加碳汇作为重点任务；对于可再生能源资源富集地区，应将开发非化石能源作为重点任务。

三是要与经济发展阶段重点相一致。广西的产业结构、经济社会发展水平、所处阶段决定了当前温室气体排放水平以及未来应对气候变化的重点领域、重点任务和控制温室气体排放的潜力与能力。同时，广西发展方向和产业结构的变化，将影响未来温室气体排放的增长趋势和特征，决定了不同类型地区应采取不同的减排策略和政策，应侧重提高能源效率和技术水平。

四是要与相关技术发展态势相一致。应密切关注经济社会各领域内节能减排技术、清洁生产技术、循环经济技术、绿色低碳技术等应对气候变化技术的发展趋势和最新动态，把应对气候变化技术相对密集、成熟，且具有较高推广价值的领域确定为未来一段时间应对气候变化的重点领域，把最新、最经济、最适用的相关技术应用到应对气候变化中。

二 重点领域选择过程分析

一是按照与温室气体排放现状相结合的原则，广西应对气候变化的重点领域为工业生产过程中的化石燃料燃烧，其他领域所占的比例较小。

根据《中华人民共和国气候变化初始国家信息通报》中有关温室气体清单的编制方法及排放因子，综合参考能源所等单位研究结果中的排放系数，利用《广西统计年鉴》等有关活动水平数据，初步估算出广西 2017 年二氧化碳排放总量为 17603.79 万吨标准煤（不含电力）。其中，煤炭燃烧产生的二氧化碳为 13922.57 万吨标准煤，石油燃烧产生的二氧化碳为 3384.32 万吨标准煤，天然气燃烧产生的二氧化碳为 296.9 万吨标准煤。从排放量来看，二氧化碳的排放主要集中在工业生产过程中的化石燃料燃烧，农业生产过程以及固体废物和废水处理等产生的二氧化碳比例较小。

二是按照与本地自然地理条件相结合的原则，广西应对气候变化的重点领域为生物质能、太阳能、风能和核能等新能源、清洁能源、可再生能源以及林业碳汇。

广西地处中亚、南亚热带季风气候区，各地年平均气温为 16.5～23.1℃，年日照时数为 1169～2219 小时。广西水能资源丰富，蕴藏量达 2133 万千瓦，可开发量为 1862.9 万千瓦。广西土地资源丰富，但分布不平衡，土地生产力存在较大的区域差异。目前，广西人均耕地面积仅为 0.78 亩，低于全国 1.14 亩的平均水平，耕地后备资源匮乏。广西一次能源匮乏，生物质能源较为丰富。广西目前已探明煤炭储量约 23 亿吨，居全国第 20 位。煤种主要是高中硫、高灰分、低热值的褐煤、贫煤和瘦煤等，大多集中在桂中和桂西地区，开采难度大，经济开采潜力小。陆域探明原油和天然气资源稀少。广西比较适宜发展生物质能源，主要以木薯为原料生产燃料乙醇。广西南部沿海和湘桂走廊的风能资源较为丰富。广西的太阳能、潮汐能和波浪能也具有一定的开发利用潜力。

三是按照与经济发展阶段重点相一致的原则，广西应对气候变化的重点领域为食品、石化、电力、有色金属、冶金、建材，以及循环经济、节能减排等。

广西作为后发展、欠发达地区，工业化水平低于全国平均水平，直到 2010 年才迈入工业化中期阶段。世界各工业化国家和地区的历史表明，"重工业化"是工业化进入中期阶段的一般规律。根据《广西壮族自治区国民经济和社会发展第十三个五年规划纲要》和《广西工业和信息化发展"十三五"规划》等文件，"十三五"期间，广西重点发展食品、汽车、石化、电力、有色金属、冶金、机械、建材、造纸与木材加工、电子信息、医药制造、纺织服装与皮革、生物、修造船及海洋工程装备等产业，加快发展新材料、新能源、节能和新能源汽车、生物医药、先进装备制造、新一代信息技术、节能环保、养生长寿健康、海洋等战略性新兴产业。其中，食品、石化、电力、有色金属、冶金、建材等产业是排放温室气体的大户。① 同时《广西工业和信息化发展"十三五"规划》把循环经济和节能减排作为产业优化升级的重要抓手。

三 确定的重点领域

通过对上述重点领域进行梳理，分类如下：①能源领域，包括化石燃料燃烧、新能源、清洁能源、可再生能源、电力等；②工业领域，包括食品、有色金属、冶金、建材、交通运输、建筑和公共机构以及商业和民用节能等重点行业；③工业绿色生产领域，包括循环经济、节能减排等；④垃圾处理领域，包括固体废物和废水处理等。总体来看，上述领域都是"治标"的领域，广西要想从根本上减缓温室气体排放，就必须把调整产业结构作为"治本"之策，并将其放在应对气候变化策略的首位。当前，广西正处于推动工业转型升级、实现高质量发展的关键时期，工业领域应对气候变化成

---

① 2018 年 5 月，广西召开全区工业高质量发展大会，提出了"强龙头、补链条、聚集群"的发展思路，其中首要目的是"强龙头"，即扩大规模和总量；而"补链条"有助于通过产业链条的延伸与完善，提高产业总体附加值，实现碳排放强度的下降；"聚集群"则有助于完善产业配套体系，降低相关物流成本，有利于减少碳排放。

为首要任务。同时，结合广西水资源比较丰富、气象地质灾害频发等自然地理条件和特点，应该把农业、森林和其他自然生态系统、水资源、海岸带及防灾减灾作为适应气候变化的重点领域。

第二节 减缓温室气体排放的措施

要真正做到减缓温室气体排放，必须"治标"和"治本"双管齐下。根据广西的实际以及研究的重点，本书从以产业提质增效升级为导向、以建立清洁能源体系为保障、以绿色城乡建设为抓手、以控制工业领域排放为核心、以控制建筑领域排放为支撑、以控制交通运输领域排放为关键、以倡导低碳生活方式为引领、以增加森林及生态系统碳汇为依托八个方面提出减缓温室气体排放的措施。

一 以产业提质增效升级为导向减缓温室气体排放

大力发展低碳农业。低碳农业是低碳经济的重要组成部分，低碳农业应打造农业经济系统和生态系统耦合的基础，从依靠化石能源向依靠太阳能等方向转变，追求低耗、低排、低污和碳汇，使低碳生产、安全保障、气候调节、生态涵养、休闲体验和文化传承等多功能特性得到加强，实现可持续发展。

广西要依靠科技支撑，积极推进农业结构调整，推广应用农作物高效节水微灌、肥水同灌、避雨棚架和畜禽雨污分离、干湿分离等设施以及低耗能、高效率农机具，着力减少农业资源消耗。扎实推进秸秆饲料化、肥料化、基料化、能源化、原料化利用，促进农业废弃物从污染治理向资源化利用转变，全面实施生态循环农业示范工程。鼓励使用有机肥、生物肥料和绿肥，全面实施化肥农药使用量零增长行动，控制畜禽温室气体排放，支持规模化畜禽养殖场（小区）开展标准化改造和建设，深入推进现代生态循环农业试点省

（区）建设，培育农村沼气服务组织，健全沼气服务网点，开展农业清洁生产示范县建设。加快推进大中型灌区建设改造工程、水资源保护及河湖健康保障建设工程、小型农田水利及高效节水工程以及农业面源污染防治技术集成与应用示范工程等。

专栏 5 - 1　农业转型升级发展导向

加强农业自然资源合理利用，强化农业生态系统保护，拓展农业新功能新业态，加快转变农业发展方式。积极推进农业循环经济和农业废弃物资源化利用。重点打造一批农产品生产加工基地、现代农业循环经济基地和名优生态农业基地。最大限度地提高农业资源利用效率，科学处置农业农村废弃物，合理构建和延伸农业产业链，建设循环型农村新社区。采用规模化渔业设施和系统化管理体制，应用海洋生物技术，推进大型人工渔场节能低碳发展。

推进工业转型升级。转型实质上就是转变工业发展方式，加快向创新驱动转型、绿色低碳转型、智能制造转型、服务化转型、内需主导及消费驱动转型；升级就是全面优化行业结构、技术结构、产品结构、组织结构、布局结构，促进工业结构整体优化提升，工业结构的优化提升实质上会限制高能耗和高排放，有助于从根本上减缓温室气体排放。要着力强龙头、补链条、聚集群，着力提升传统产业、壮大新兴产业、振兴轻工业，着力提升智能化、数字化、网络化水平，着力破除制约工业发展的机制障碍，加快推动新旧动能转换，实现工业创新、绿色、高效发展，努力构建供给质量更高、要素结构更优、创新创业更活的工业高质量发展体系。工业是一个紧密联系的有机整体和生态系统，要树立"工业树"理念，对标高质量发展要求，加快绘制广西工业的"结构树"图，按照全产业链思维，推动产业纵向深化、横向拓展、深度融合，千方百计培植"工业树"、打造"产业林"，走出具有广西特色的工业高质量发展之路。要始终树立高质量发展意识，增强推动工业高质量发展的责任感和紧迫感，以工业供给侧结构性改革为主线，着力强龙头、补链条、聚集群，做大工业规模和总量，着力抓创新、创品牌、拓市

场，提升工业质量、效益和竞争力，加快推进工业发展方式向内涵集约型转变、产业结构向中高端高附加值转变、增长动力向创新驱动转变，聚焦传统产业"二次创业"，发展战略性新兴产业，振兴轻工业，力争实现工业发展量质双提升，新动能进一步壮大，产出效率进一步提高，智能化、数字化、网络化加快发展，加快形成工业高质量发展新体系。

专栏 5-2　工业高质量发展导向

　　加快传统产业转型升级。以产品创新和产业化为重点，以"互联网＋工业"为抓手，深入推进传统产品技术改造，着力提升协同创新能力，加快产品向中高端化发展。鼓励运用高新技术和先进适用技术改造提升传统产业，着力提高传统产业资源综合利用水平和绿色循环低碳发展能力。构建绿色制造体系，在重点行业推行产品生态设计，开发具有节能、环保、高可靠性、长寿命和易回收等特性的绿色产品。建立绿色产品、绿色工厂、绿色工业园区评价机制。发展壮大绿色产业，围绕源头削减、提高资源利用效率、减少和避免污染物产生，开展清洁生产设计、技术攻关等，发展清洁生产产业。加快传统优势产业二次创业，推动汽车、机械、铝、冶金及有色金属、化工、糖、消费品、轻工、农产品加工等传统产业转型升级，改造提升传统动能。

　　推动重点领域突破发展。对机器人、石墨烯、生态经济、新一代信息技术、海洋工程装备、中国－东盟信息港、新能源汽车、电动车、生物医药、军民融合、新兴技术产业化等产业或领域予以重点支持。实施科技创新突破行动，包括企业创新主体培育、行业公共创新平台建设、产业关键共性技术攻关、科技成果转移转化引导等。

　　加快推进产业集聚发展。以强龙头、补链条、聚集群为方向，着力打造汽车、工程机械及内燃机、铝精深加工、钢铁、石化和煤化工、糖、木材加工及造纸、粮油加工、计算机通信、生物医药10个高质量的产业集群，补齐完善一批高水平的产业链，推动实现产业链向中高端延伸和特色产业集聚壮大。

　　加快发展现代服务业。现代服务业的发展本质上来自社会进步、经济发展、社会分工的专业化需求，具有智力要素密集度高、产出附加值高、资源消耗少、环境污染小等特点。现代服务业既包括新兴服务业，也包括对传统服务业的技术改造和升级，其本质是实现服务业的现代化。从本质上理解，现代服务业比重的提高有助于提升环境质量，减缓温室气体排放。

　　广西要以资源、技术、功能、市场等要素融合为主要路径，以产业链延伸融合为主要模式，推进生产性服务业与新型工业化融合发展，在推动重点产业转型升级过程中培育和拓展新兴服务需求。以技术改造、管理支撑、产业创新等全周期服务供给为主要路径，提高农产品附加值，畅通销售渠道，确保农业增产增收，在推动服务业与农业现代化融合发展的过程中拓展服务业发展空间和领域。以服务业集聚区为载体，以跨要素融合、跨行业融合、跨平台融合为重点，推动服务业内部各类业态、各种服务功能融合发展，延伸产业链、扩大产业规模、扩张产业边界、创造新型业态。培育碳排放统计、碳核查、碳标准、碳标识、碳认证、碳金融、碳交易、碳资产管理等低碳服务业。①

专栏 5 – 3　服务业转型升级发展导向

生产性服务业。大力发展工业设计、节能环保、维护维修、软件和信息服务、工业物流、检验检测和人力资源服务等现代生产性服务业。

制造业服务化转型。大力发展智能制造、服务制造、协同制造和网络营销，加快制造业向柔性化、智能化和高度集成化转型。

服务业与农业融合转型。积极推进农业与旅游、教育、文化、健康养老等产业深度融合，加快发展长寿养生产业、休闲农业、乡村旅游和森林旅游。

服务业内部融合。积极推进以科技、文化、信息、创意、资本、市场、人才、品牌等为代表的产业要素，通过集聚创新形成以"互联网＋""旅游＋""电子商务＋""文化＋"为代表的融合发展模式。

二　以建立清洁能源体系为保障减缓温室气体排放

清洁能源，即绿色能源，是指不排放污染物、能够直接用于生产生活的能源，包括核能和可再生能源。其中，可再生能源是指原材料可以再生的能源，如水力发电、风力发电、太阳能、生物能（沼气）、地热能（包括地源和水源）、海潮能。建立清洁能源体系，

---

① 低碳服务业是指以低碳技术为支撑，在充分合理开发、利用当地生态环境资源的基础上，实现最小碳排放的现代服务业。

最重要的是普及使用清洁能源，在大力发展非化石能源的同时，积极优化利用传统化石能源，实现能源消费总量和能源消费强度双控。国家层面明确提出要优化能源消费结构，积极发展低碳能源，提高低碳能源消费比重，逐步形成以低碳能源满足新增能源需求的能源发展格局。广西要结合自身的能源发展基础，提出因地制宜的能源发展思路，逐步建立清洁能源发展体系。

大力发展非化石能源。非化石能源是指非煤炭、石油、天然气等经过长时间地质变化形成的只供一次性使用的能源类型外的能源。要安全高效地发展核电，深度开发水电，加快发展风能、太阳能发电，积极开发利用生物质能、地热能和海洋能等可再生能源。推动实施"互联网+智慧能源"行动计划，加强智慧能源体系建设，增强节能低碳电力调度能力，提高节能低碳发电机组的利用小时数，提升非化石能源电力消纳能力。

优化利用化石能源。化石能源是温室气体排放的主要来源，主要为煤炭、石油、天然气的消费排放，因此要控制煤炭消费总量，加强煤炭清洁高效利用，大幅削减散煤利用。实施煤电节能减排升级改造工程，加快完成低效火电机组的节能技术改造。进一步扩大天然气利用规模，加强天然气支线管网及县域管网同步配套建设，积极推进工业窑炉、燃煤锅炉"煤改气"，加快发展天然气发电和分布式能源。大力推进天然气、电力替代交通燃油。加强集中供能管网配套设施建设，在工业园区、用能负荷集中区推行热电联产、热电冷三联供等能源利用模式，提高能源利用效率。

专栏 5 - 4　优化能源结构建设导向

煤电升级改造工程。采用汽轮机通流部分改造、锅炉烟气余热回收利用、电机变频、供热改造等成熟适用的节能改造技术，重点对 30 万千瓦和 60 万千瓦等级亚临界、超临界机组实施系统性节能改造，力争达到同类型机组先进水平。20 万千瓦级及以下纯凝机组重点实施供热改造，优先改造为背压式供热机组。

> 天然气分布式能源示范工程和天然气"县县通"工程。加强天然气分布式能源建设和园区智能微电网建设，合理布局热电冷三联产分布式气电厂。加快建设完善天然气管网，利用西气东输二线、中缅天然气管道、液化天然气等从区外引进天然气。推广天然气应用，适度发展天然气发电项目。重点建设入桂天然气支线管道、设区市专属管道、县级支线管网、城镇燃气管网、液化天然气接收站、压缩天然气母站和子站等工程。
>
> 煤炭消费减量替代工程。鼓励核能、生物质能、风能、太阳能等新能源和可再生能源利用，重点实施防城港红沙核电二期工程、合浦理昂生物质发电项目，打造北海大型风力发电设备制造基地等。

加快推进能源消费转型。建立清洁能源体系的重点任务之一是推进能源消费转型，只有能源消费结构和消费模式得到有效转变后，才能确保减缓温室气体排放。因此，必须进一步强化需求侧管理，提升能源利用效率，推进能源消费由粗放向精细化转型。严格实施节能评估审查，加大节能监察力度。推动工业、建筑、交通、公共机构等重点领域节能降耗。实施能效提升行动计划，组织开展锅炉窑炉改造、电机系统节能、通用设备节能等重点节能工程。实施能效领跑者引领行动[①]，大幅提升主要耗能产品的能效水平。推行合同能源管理，发展壮大节能服务产业。实行最严格的环境保护制度，严格执行环保准入标准和能耗限额标准，从源头上把好项目准入关。探索开展碳排放评估机制建设。坚持做到未通过环保审批和节能评估审查的项目不得开工建设。

三 以绿色城乡建设为抓手减缓温室气体排放

绿色发展是永续发展的必要条件。绿色城乡建设是实现绿色发展的重要支撑，是指统筹考虑城乡建设与人口、环境、资源、产业、文化等之间的关系，从实际出发，以生态文明建设为主题，以城乡

---

① 《关于印发〈"十三五"全民节能行动计划〉的通知》（发改环资〔2016〕2705 号）。

总体生态环境、产业结构、社区建设、消费方式的优化转型为出发点和归宿，以方便、和谐、宜居、低碳为目标，全面建设绿色环境、绿色经济、绿色社会、绿色人文、绿色消费的生态绿色城乡，谋求新型城镇经济社会的健康可持续发展。广西应从以下几个方面开展绿色城乡建设。

合理布局绿地生态空间。严格保护城镇中的自然山水，依托山体、湖泊、水系、交通干线等建设绿色生态廊道。结合美丽广西·乡村建设、城乡环境整治、城中村改造、废弃地生态修复等措施，加大社区公园、郊野公园、街道绿地、绿色廊道等建设力度，推动城镇绿化美化。依托依山傍水独特风光，打造亲水宜居城镇和生态小镇，让城镇显山露水、添园增绿。稳步推进绿色低碳型特色小镇建设。

加快绿色城乡建设。切实履行"绿色责任"、促进产业"绿色转型"、推动经济"绿色增长"、创造更多"绿色财富"，加强生态建设和环境保护，着力推进生态功能区和低碳试点建设。加快城镇特别是中心城市产业转型升级，严控高能耗、高排放行业发展。节约集约利用土地、水和能源等资源，促进资源回收和循环利用，发展城市矿产，建设节水型城镇。加快新能源示范城市建设，推进风能、太阳能、生物质能等多元化、规模化应用，提高新能源利用比例，完善充电桩等配套设施，推广应用新能源汽车。合理控制城镇机动车保有量，推进城市公交零排放。实施城镇空气、水、土壤等污染防治计划，加强城镇环境综合整治，提高环境质量。推广绿色生活方式和绿色消费模式，开展低碳城镇试点，打造绿色低碳城镇。

实施农业农村节能降碳。随着农业的发展和农村生活水平的不断提高，未来农村能源消费仍将呈现持续上升态势，建立绿色能源体系必须着力于农业农村的节能降碳工作。具体而言，要加快淘汰老旧农业机械，推广农用节能机械、设备和渔船，发展节能农业大棚。继续推进农业水利排灌机电设施和老旧农用机械的节能技术改造。加快养殖池塘改造和循环水设施配套建设，推广水质调控技术与环保设备。结合农村危房改造稳步推进农房节能及绿色化改造，推动城镇燃气管网向近郊农村延伸和省柴节煤灶更新换代，因地制宜、多能互补发展生物质能、太阳能、空气热能、浅层地热能等清洁能源，推广液化石油气等商品能源，解决农村生活用能问题。科学规划农村沼气建设布局，加强沼气设施的运行管理和维护。

推进农村能源革命。优化农村能源供给结构，大力发展风力发电、光伏发电、生物质发电等可再生能源，积极实施天然气分布式能源项目，推进天然气进乡入村。鼓励太阳能发展与种植业、养殖业相结合，大力发展农光互补、渔光互补等分布式光伏发电。促进沼气工程发展与种养业相结合，促进种养循环，推进农村户用沼气病废池改造。完善农村能源基础设施网络，加快新一轮农村电网升级改造，提高农村供电能力和供电可靠性，加快实现农村动力电全覆盖，提高农村电网消纳分布式新能源发电的能力。

大力发展生态经济。坚持生态建设产业化、产业发展生态化，以促进农民增收为出发点，构建循环高效的绿色产业体系，推动农村经济生态化、绿色化发展，提升农村自我发展、可持续发展能力。推动生态优势转化为产业优势，大力发展"生态＋"产业，加快发展生态农业、生态旅游业、生态服务业、生态工业等新兴业态，着力把生态产业打造成新的支柱产业。按时按质兑现退耕还林、生态效益补偿等惠农政策。配合开展全国林地"一张图"建设，为制定区域经济社会和林业发展规划、林木采伐限额编制和生态文明建设提供重要的基础性数据。

四　以控制工业领域排放为核心减缓温室气体排放

工业领域是碳排放的主要领域，目前测算的二氧化碳排放量以工业领域的高耗能行业为主，应推进工业企业污染综合治理，加快清洁能源推广使用。深入推进结构节能，按照循环经济理念，优化产业结构和空间布局，推进产业朝上下游一体化、能源资源综合利用方向集中，严格控制高碳产业过快增长，淘汰落后的工艺、装备和产品，大力提升行业能源利用水平，加强重大节能技术创新和示范，加大先进适用节能技术推广力度，加快重大节能标准制定，确保实现工业领域减排目标。

汽车产业。稳定总量，增加品种，发展中高端车型，提升整车自主研发能力，增强零部件综合集成水平，大幅提高整车生产本地配套率。以上汽通用五菱汽车股份有限公司、东风柳州汽车有限公司等企业为龙头，打造整车、发动机、零部件、后市场服务四条关键产业链，加强东南亚市场开发，辐射南美洲、非洲、中东等区域。巩固柳州市乘用车、商用车及特种专用车优势地位，打造贵港市汽车产业新优势，创建国际知名、国内一流的汽车品牌，形成中高端车型主导、配套体系完善、国内一流的汽车制造基地。

钢铁行业。坚持减量提效，加快淘汰落后产能，提高炼铁、炼钢企业集中度，引导规模较小的钢铁企业向产业链下游转移，推进城市钢铁工业向沿海转移布局。严格控制新增产能和总量扩张，以技术改造、淘汰落后、兼并重组、循环经济为重点，提高行业整体素质。提升高速线材、连轧棒材、冷轧板带、热轧宽带板、中厚板和全连轧型钢的产量和质量，开展建筑钢、汽车钢、船舶用钢、不锈钢新材料等系列产品开发。

铝产业。淘汰落后冶炼、加工等产能，大力推广先进适用技术和装备，优化生产工艺流程，强化节能管理。建设国家级先进铝加工创新中心，突破高性能铝合金熔铸技术，提高铝产品纯度，推进铝产业精深加工，开发航空航天、车船、建筑、电子电器等领域用铝，加快建设一批企业研发中心，重点突破高性能铝合金熔铸技术。

完善"铝—电—网"新模式，推进主电网和区域电网融合发展，加快构建以百色、防城港生态铝基地，柳州、来宾、贺州铝精深加工基地，南宁高端铝研发创新、铝加工和铝加工设备基地为支撑的全国生态铝产业发展新高地。重点推广新型阴极结构铝电解槽、低温低电压铝电解、氧化铝晶种分解、悬浮铜冶炼等先进节能工艺技术。优化发展氧化铝，在实现铝电结合的基础上适度发展电解铝。

石化行业。通过制定综合能耗限额，推动石化行业能效水平不断提高。以完善深加工产业链为突破口，以提高石化产品附加值为重点，实现有机化工原料、化工制品、精细化工产业链的深度拓展延伸。发展高端精细化工产品，推动石化产业与建材、轻工、汽车、装备制造、电子信息、医药等产业耦合发展，加快化工企业退城入园步伐，打造北部湾高端石化产业基地，构建以有机原料、合成材料为主体，以资源高效利用、高端化产品为特色的产业体系。

糖业。推动制糖企业跨行业、跨区域兼并重组，打造具有国际竞争力的糖业集团。加快推进制糖企业数字化、网络化、智能化改造，改进生产工艺和技术，加快糖全产业循环利用，推进糖业精深加工。建设广西·中国糖业产业园，做大做强糖业产业集群。深入抓好糖业"双高"基地建设，推进糖业精深加工和全产业链循环综合利用，支持制糖企业战略重组，组建广西糖业投资发展集团有限公司，培育有较强竞争力的糖业龙头企业，打造中国糖业循环发展新标杆。

轻工业。提升农副产品就地精深加工能力，实现轻重工业协调发展。在消费品工业方面，重点发展日用化工、黑白家电、五金水暖、纺织服装及皮革、新型电动车等产业，开展消费品工业增品种、提品质、创品牌专项行动，打造一批在国际国内具有影响力的名优品牌。在农副产品加工业方面，重点围绕粮油加工、休闲食品、酒类及包装饮用水等特色产业，打造一批农产品加工基地、特色园区和特色小镇。在粮油加工业方面，以大海粮油工业（防城港）有限公司、中粮油脂（钦州）有限公司、防城港澳加粮油工业有限公司等企业为龙头，重点发展粮油加工、米制品加工两条关键产业链。在木材加工及造纸业方面，以广西金桂浆纸业有限公司、广西斯道拉恩索林业有限公司、南宁科天水性科技有限责任公司等企业为龙头，重点发展林浆纸、板材家具两条关键产业链。

专栏 5–5 工业领域节能减排建设导向

汽车产业。重点发展中高端乘用车、货车、公路客车、城市客车、旅游观光客车、校车和特种专用车等，发展发动机、自动变速器、制动系统、悬挂系统、汽车电子等关键零部件。

钢铁行业。建设柳州钢铁基地、贵港钢铁基地、北海铁山港不锈钢基地、玉林不锈钢制品基地、梧州不锈钢供应基地、柳州市新型特种钢精深加工专业园示范基地和特种钢产业园。

铝产业。推进百色区域电网二期、来宾区域电网、贺梧区域电网建设。加快构建以百色、防城港生态铝基地，柳州、来宾、贺州铝精深加工基地，南宁高端铝研发创新、铝加工和铝加工设备基地为支撑的全国生态铝产业发展新高地。

石化行业。重点发展石油炼化及煤化工下游产品，推进烯烃、芳烃、煤基多联产等重大项目建设，基本形成广西北部湾石化智能制造示范基地。打造国际产能合作平台，构建以有机原料、合成材料为主体，以资源高效利用、高端化产品为特色的产业体系。

糖业。重点发展精制糖和以糖蜜、蔗渣、滤泥、蔗叶等为原料的深加工产品。以广西洋浦南华糖业集团股份有限公司、广西农垦糖业集团股份有限公司等企业为龙头，打造多功能糖制品、综合利用、非糖产品三条关键产业链。打造国内一流、世界领先的糖业商贸物流中心、科技研发基地和总部基地。

轻工业。加强节能环保技术、工艺、装备推广应用，推动绿色制造，打造轻工绿色设计产品和"绿色工厂"。重点发展绿色生活用纸、中高档用纸、特种纸等林浆纸延伸产品、林产品加工循环经济、实木家具林板一体化。

五 以控制建筑领域排放为支撑减缓温室气体排放

建筑领域温室气体排放是影响气候变化的重要因素之一，要大力倡导建筑节能，在保证提高建筑舒适性的条件下，合理使用能源，不断提高能源利用效率。建筑节能是指在建筑物的规划、设计、新建（改建、扩建）、改造和使用过程中，执行节能标准，采用节能型的技术、工艺、设备、材料和产品，提高保温隔热性能和采暖供热、空调制冷制热系统效率，加强建筑物用能系统的运行管理，利用可再生能源，在保证室内热环境质量的前提下，增大室内外能量交换热阻，以减少供热系统、空调制冷制热、照明、热水供应因大量热消耗而产生的能耗。同时，要大力发展"绿色建筑"，充分利用环境自然资源，在不破坏环境基本生态平衡的条件下发展生态建筑、回归大自然建筑、节能环保建筑等。

推进新建建筑节能。全面执行现行建筑节能强制性标准，加快从节能50％标准向节能65％标准转变，鼓励有条件的市、县执行更高水平的节能标准，发展低能耗、超低能耗等绿色节能建筑，建设一批近零能耗示范建筑工程。推广可再生能源建筑应用。丰富应用形式，拓展应用领域，建立可再生能源与传统能源协调互补、梯级利用的综合能源供应体系。全面推进绿色建筑发展。扎实推进绿色建筑与绿色生态城区发展，城市规划区内新建建筑全面执行绿色建筑标准，大力推进新型墙体材料革新，机关办公建筑、大型公共建筑按照二星级及以上绿色建筑标准建设。

专栏 5－6　控制建筑领域减排建设导向

新建建筑广泛采用建筑节能技术和产品，大力推广低能耗、超低能耗等绿色节能建筑，实施建筑节能示范工程（小区）、绿色建筑（运营标识）示范工程、近零能耗建筑示范工程等，扩大节能技术示范面积。实施既有办公楼、商场、宾馆等大型公共建筑的节能改造。推进机关办公建筑和大型公共建筑节能监测体系建设。大力推进太阳能、空气能、浅层地热能等可再生能源在城乡建筑领域的规模化、一体化应用，推广建筑废弃物资源化循环再利用。应用高强钢和高性能混凝土，大力推广应用绿色、节能、环保等新型建材。

六　以控制交通运输领域排放为关键减缓温室气体排放

无论是从终端能耗、温室气体排放占比和人均交通用能，还是从我国实现自主贡献目标的紧迫性来看，交通运输能耗都将成倍增加，交通运输领域未来将是节能减排和绿色低碳发展行动的重要领域。因此，要大力推进智慧交通、绿色交通建设，加强节能低碳技术推广应用。

构建低碳交通运输体系。围绕强化运输通道、优化网络布局、构建中心枢纽，统筹利用各种运输方式，进一步提高综合交通运输服务水平。大力发展多式联运、甩挂运输等高效运输组织模式。加快综合交通枢纽建设，优化枢纽布局，拓展枢纽功能，统筹综合交通枢纽与产业布局、城市功能布局的关系。推进绿色交通城市、绿色公路、绿色港口、绿色航道等试点示范项目创建，优先支持重点节能低碳技术和产品在交通运输领域的广泛应用，促进交通运输行业节能降碳。

大力发展城市公共交通。优化公共交通运输结构，积极发展城市轨道交通、智能交通和慢行交通，鼓励绿色出行，实现"零距离换乘"。加强城市道路与轨道交通的配套衔接。在出租、公务、市政、邮政等公共服务领域使用节能与新能源汽车。优化完善城市交通信号系统和指挥调度系统，提高综合运输系统的能源利用效率。在南宁、柳州、桂林等中心城市加快布局建设一批立体停车库和智能停车场。提高公共交通供给能力，降低小汽车出行强度，挖掘交通设施潜能，强化职住平衡，全面科学治理城市交通拥堵问题。努力形成以轨道交通为骨干、以常规公交为主体、各种交通方式协调发展的出行结构。

增强智能绿色安全能力。未来智能绿色建设要依托新一代信息技术和先进技术装备，提升交通智能化发展和信息化服务水平，促进交通发展绿色低碳和安全可靠。加快建设统一兼容的公共信息服务平台，加快完善 ETC 系统，积极推进移动互联、北斗定位导航等先进信息技术在交通运输领域的应用。在高速铁路、城市轨道交通等领域全面推广智能化运行控制技术。推广节能环保型运输工具。

专栏 5 – 7　控制交通领域排放建设导向

　　绿色交通示范项目创建。推进南宁、桂林、柳州绿色交通城市建设，创建绿色公路和船舶标准化等试点示范项目。

　　节能环保运输装备推广应用工程。推广高效节能汽油机和柴油机，鼓励使用新能源、混合动力、天然气等节能环保车船，使用液化天然气动力船舶。

　　主要污染物减排工程。实行道路机动车、非道路移动机械、船舶发动机等提标改造工程，加快淘汰黄标车、老旧车船、高排放超年限工程机械和农业机械，对残值高的工程机械和农业机械、船舶实施选择性催化还原脱硝改造工程。

七　以倡导低碳生活方式为引领减缓温室气体排放

　　低碳生活代表更健康、更自然、更安全、更环保的生活，同时也是一种低成本、低代价的生活方式。低碳不仅是企业行为，而且是一项符合时代潮流的生活方式。因此，要鼓励和引导广大人民群众在生活方式和消费模式上加快向绿色、节约、低碳转变。让低碳发展意识深入人心、低碳生活方式不断创新，加快形成低碳消费模式。

　　倡导低碳消费。低碳消费是人类社会发展过程中的根本要求，是低碳经济发展的必然选择。低碳消费方式回答了消费者怎样拥有和拥有怎样的消费手段与对象，以及怎样利用它们来满足自身生存、发展和享受需要等问题。低碳消费是后工业社会生产力发展水平和生产关系下消费者消费理念与消费资料供给、利用的结合方式，也是当代消费者以对社会和后代负责任的态度在消费过程中积极实现低能耗、低污染和低排放的消费方式。这是一种基于文明、科学、健康的生态化消费方式。要鼓励消费者减少使用一次性用品，购买具有低碳认证、能效标识、环境标志等的产品和服务。引导消费者合理适度消费，抑制不合理消费，推行装修建筑绿色化。大力推进节能产品使用，鼓励居民购买使用节能电器和新能源汽车。开展绿色采购推广行动，拓宽低碳产品销售渠道，搭建节能和低碳产品信息发布与查询平台。深入开展反过度包装、反食品浪费、反过度消费行动，限制塑料袋使用。

倡导低碳办公。低碳办公是指在办公活动中使用能够节约资源，减少污染物产生、排放，可回收利用的产品，是节能减排全民行动的重要组成部分，主张从身边的小事做起，珍惜每一度电、每一滴水、每一张纸、每一升油、每一件办公用品。必须着力扩大政府绿色采购规模，实行低碳办公用品优先采购制度。引导全社会低碳办公，营造绿色办公环境，鼓励"低碳化""网络化""无纸化"办公。节约水、电、纸张等办公资源，减少办公环境高耗能设备的使用，及时关闭用电设备，减少电梯使用，设定合理的空调温度，控制空调使用时间，加强公务用车管理，鼓励电话、视频会议的召开，减少企业和行政机构能源消耗。

倡导低碳生活。低碳生活既是一种生活方式，又是一种可持续发展的环保责任。要求人们树立全新的生活观和消费观，减少碳排放，促进人与自然和谐发展。低碳生活是协调经济社会发展和保护环境的重要途径。在低碳经济模式下，人们的生活可以逐渐远离因能源的不合理利用而带来的负面效应，享受以经济能源和绿色能源为主题的低碳新生活。推行餐饮点餐适量化和"光盘行动"，遏制食品浪费，鼓励有关行业协会组织餐饮企业开展自查自律。提倡消费者减少不必要的衣物消费，加快衣物再利用。推广普及节水器具，引导消费者使用绿色建筑。开展"绿色回收推广计划"主题活动，推进"互联网＋分类回收"。深入实行塑料购物袋有偿使用制度。结合低碳社区试点示范，深入开展低碳家庭创建活动。

倡导低碳出行。所谓低碳出行，事实上就是一种降低"碳"的出行方式，即在出行中主动采用能降低二氧化碳排放量的交通方式，其中包含政府与旅行机构推出的相关环保低碳政策与低碳出行线路，以及个人出行时携带环保行李、入住环保旅馆、选择二氧化碳排放较低的公共交通工具甚至骑自行车或徒步等。① 只要是能降低出行中的能耗和污染，即可称为"低碳出行"，或绿色出行、文明出行等。低碳出行，是一种低碳生活方式，应当成为我国新时期经济社会可持续发展的重要经济战略之一。因此，要积极倡导"135"绿色出行方式②。引导公众选择公共交通工具，继续推广使用免费公共自行车。积极开展"每周少开一天车""低碳出行"等活动。鼓励共乘交通和低碳旅游。

八 以增加森林及生态系统碳汇为依托减缓温室气体排放

森林是陆地生态系统中最大的碳库，在降低大气中温室气体浓度、减缓全球气候变暖中具有十分重要的作用。扩大森林覆盖面积是未来 30 ~ 50 年经济可行、成本较低的重要减缓措施。许多国家和国际组织都在积极利用森林碳汇应对气候变化。因此，要以森林碳汇、湿地保护、城市碳汇和海洋碳汇建设为重点，加强生态工程建设，不断增加碳汇。

加强森林碳汇建设。实施应对气候变化林业专项行动计划，统筹城乡绿化，开展城市园林绿化、城郊公园美化活动。实施天然林保护和珠江防护林、沿海防护林、生态公益林等林业重点工程。加快造林绿化步伐，推进国土绿化行动，实施"金山银山"工程专项活动、森林质量提升、新一轮退耕还林和石漠化综合治理等重点生态工程。强化现有森林资源保护，切实加强森林抚育经营和低效林改造，减少毁林排放。

开展湿地修复保护。加强湿地本底资源调查，增强自然湿地和

---

① 这种出行方式对环境的影响最小，既能节约能源、提高能效、减少污染，又益于健康、兼顾效率。
② "135"绿色出行方式即 1 公里以内步行，3 公里以内骑自行车，5 公里左右乘坐公共交通工具。

人工湿地生态功能，稳定并提高湿地固碳能力。实施国家湿地公园湿地保护与恢复工程，因地制宜实施湿地植被恢复、栖息地恢复、湿地污染防控、有害生物防治等生态工程，逐步遏制湿地面积减少和湿地功能退化。利用红树林、藻类、贝壳等海洋生物开展固碳试点。建立湿地动态监测体系和基础数据平台，探索湿地资源综合利用，提升湿地管理水平。

着力增加城市碳汇。合理建设园林绿地，增加城市绿化面积，提高城市绿化率和园林绿地固碳率，加快实施市域道路绿化、企业绿化、村庄绿化、城郊森林公园①增绿等工程。积极探索森林立体绿化和垂直绿化模式，提高城市绿量。实施城市出入口、边角地、道路沿线、河道两侧以及主要公共服务空间等绿化提升工程。建设一批城郊型森林公园，增强城市碳汇能力，积极申报国家森林城市。2017 年广西森林公园基本情况见表 5 – 1。

表 5 – 1　2017 年广西森林公园基本情况

序号	名称	隶属地区	景区等级
国家级森林公园（22 个）			
1	桂林国家森林公园	桂林市	
2	良凤江国家森林公园	区直	4A
3	龙潭国家森林公园	贵港市	4A
4	三门江国家森林公园	区直	
5	元宝山国家森林公园	柳州市	3A
6	大桂山国家森林公园	区直	
7	十万大山国家森林公园	防城港市	4A
8	龙胜温泉国家森林公园	桂林市	4A
9	八角寨国家森林公园	桂林市	3A

① 森林公园是以大面积人工林或天然林为主体而建设的公园，森林公园中的森林植物吸收大气中的二氧化碳并将其固定在植被或土壤中，从而降低二氧化碳在大气中的浓度。城市森林公园建设有助于增加城市森林碳汇，对控制城市温室气体排放具有重要作用。

序号	名称	隶属地区	景区等级
10	姑婆山国家森林公园	贺州市	4A
11	大瑶山国家森林公园	来宾市	4A
12	黄猄洞天坑国家森林公园	区直	
13	飞龙湖国家森林公园	梧州市	
14	太平狮山国家森林公园	梧州市	
15	大容山国家森林公园	玉林市	3A
16	平天山国家森林公园	贵港市	
17	阳朔国家森林公园	桂林市	
18	红茶沟国家森林公园	柳州市	
19	九龙瀑布群国家森林公园	南宁市	3A
20	龙滩大峡谷国家森林公园	河池市	3A
21	广西狮子山国家森林公园	桂林市	
22	广西龙峡山国家森林公园	崇左市	
自治区级森林公园（36个）			
1	冠头岭自治区级森林公园	北海市	
2	老虎岭自治区级森林公园	南宁市	
3	钦州林湖自治区级森林公园	钦州市	4A
4	澄碧湖自治区级森林公园	百色市	4A
5	龙岩自治区级森林公园	桂林市	
6	险山（洛清江）自治区级森林公园	区直	
7	石山自治区级森林公园	桂林市	
8	大山顶自治区级森林公园	梧州市	
9	龙须河自治区级森林公园	百色市	
10	五象岭自治区级森林公园	南宁市	
11	君武自治区级森林公园	区直	3A
12	庆远自治区级森林公园	河池市	
13	五叠泉自治区级森林公园	贺州市	
14	金鸡山自治区级森林公园	区直	
15	小娘山自治区级森林公园	梧州市	
16	吉太自治区级森林公园	梧州市	

续表

序号	名称	隶属地区	景区等级
17	凌云自治区级森林公园	百色市	
18	大王岭自治区级森林公园	百色市	4A
19	龙峡山自治区级森林公园	崇左市	
20	九龙沟自治区级森林公园	河池市	
21	爱山自治区级森林公园	河池市	
22	丽川自治区级森林公园	崇左市	
23	德保红叶自治区级森林公园	百色市	4A
24	根旦自治区级森林公园	河池市	
25	五皇山自治区级森林公园	钦州市	
26	莲花山自治区级森林公园	区直	
27	广西七坡自治区级森林公园	区直	
28	广西大五顶自治区级森林公园	玉林市	
29	武鸣朝燕自治区级森林公园	南宁市	
30	富川西岭自治区级森林公园	贺州市	
31	广西五岭自治区级森林公园	百色市	
32	广西派阳山自治区级森林公园	崇左市	
33	东兰红水河自治区级森林公园	河池市	
34	广西昭平五指山自治区级森林公园	贺州市	
35	亚计山自治区级森林公园	贵港市	
36	广西高峰自治区级森林公园	区直	

资料来源：http://www.forestry.gov.cn/portal/slgy/。

增强海洋碳汇能力。合理开发利用海洋资源，加强沿海红树林、珊瑚礁、海草和滨海湿地等生态系统的修复恢复，保护海洋生态环境。加强海岛生态建设和修复，实施"南红北柳"[①] 湿地修复、"银

---

① "南红北柳"是湿地生态修复的重要手段，其中"南红"指的是在南方以种植红树林为主，以种植海草、盐藻、植物等为辅；"北柳"则是指在北方以种植柽柳、芦苇、碱蓬为主，以种植海草、湿生草甸等为辅，有效恢复滨海湿地生态系统。

色海滩"岸滩整治、"蓝色海湾"综合整治和"生态海岛"保护修复工程，探索海洋生态系统碳汇能力建设新模式。探索开展海洋生态系统碳汇试点试验工作。

第三节　提升应对气候变化能力的重点方向

长期来看，对气候变化的持续应对需要基础设施，以及政策和经济结构的整合，同时也需要政府在发展战略上有所调整。应对气候变化既要考虑到结构性和非结构性的方法，也应考虑到自然基础设施和实体基础设施的潜力，并从缓解气候变化影响的角度进行考虑。对于应对政策，尤其是具有本地特点的应对措施对生态系统和人类健康可能造成的影响也要进行认真的思考。本书根据广西的具体情况，提出从加强城乡基础设施建设、推动种植业与林业碳汇项目建设、加强海洋和海岸带生态系统监测及灾害防护能力建设、提高人群适应气候变化能力、强化水资源安全保障、提高防灾减灾能力六个方面提升应对气候变化能力。

一　加强城乡基础设施建设

城乡基础设施建设是应对气候变化的重要领域，只有把基础设施建设好，才能从根本上减少气候变化所带来的灾害。要重点从城乡规划建设、交通设施建设、能源设施建设、水资源管理及水利设施建设等方面提升应对气候变化能力。

加强城乡规划建设。结合气象灾害风险区划，加强供电、供热、供水、排水、燃气、通信等城乡生命线系统建设，提升建造、运行和维护技术标准，保障设施在极端天气、气候条件下平稳安全运行。城区扩建、乡镇建设要进行气候变化风险评估，落实气候可行性论证制度，在城乡规划建设、国家重大工程实施中要充分考虑气候变化的影响，根据城市所处的自然环境及局地气候条件，科学布局城市建筑、公共设施、道路、绿地、水体等功能区，加强城市地下空间开发利用和通风廊道规划建设，降低大气污染所产生的气象灾害风险。

加强交通设施建设。加强交通运输设施维护保养，研究改进公路、铁路、港口、航道、桥涵、城市轨道等设计建设标准，优化线路设计和选址方案，对气候风险高的路段采用强化设计。大力实施公路防灾减灾工程，提高国道、省道防灾抗毁能力。健全道路照明、标识、警示等指示系统，增强交通车辆、公交站台、停车场和机场等对高温、强降水和台风的防护能力。加强交通信息基础设施建设，提高交通运输业信息化管理水平。

加强能源设施建设。在沿海沿江地区、沿主要交通干线和煤炭消费集中地，加快布局建设煤炭储配基地，主要建设码头、堆场、接卸、混配煤系统以及铁路、公路、水路转运专用设施等。依托进口资源，推进中石油钦州炼油企业和中石化铁山港炼油企业升级改造，建设大型沿海集约化炼化基地。支持推进"煤改气"工程，鼓励大型高排放企业探索开展二氧化碳捕获、利用与封存①（CCUS）试点示范工程，保障民生用气，基本完成天然气"县县通"工程，切实做好油气管网保护工作。

加强水资源管理及水利设施建设。优化调整大型水利设施运行方案，研究改进水利设施防洪设计建设标准。继续推进水资源保护、河湖健康保障、防洪抗旱及灾害防治，提高水利设施适应气候变化

---

① 二氧化碳捕获、利用与封存（CCUS）是应对全球气候变化的关键技术之一，受到世界各国的高度重视，各国纷纷加大研发力度，在二氧化碳驱油等方面取得了进展，但在产业化方面还存在困难。随着技术的进步以及成本的降低，CCUS 前景光明。CCUS 技术是碳捕获与封存（Carbon Capture and Storage，CCS）技术新的发展趋势，即把生产过程中排放的二氧化碳进行提纯，继而投入新的生产过程中，二氧化碳可以循环再利用，而不是简单地封存。与 CCS 相比，CCUS 可以将二氧化碳资源化，不仅能产生经济效益，而且具有可操作性。

能力，保障设施安全运营。加强水文水资源监测设施建设。补充完善水文站网，提升自动化监测与水资源预报能力。

二　推动种植业与林业碳汇项目建设

农业和林业是增加碳汇、改善生态环境的重要领域，控制温室气体排放，农业和林业是重点，抓好种植业和林业碳汇建设是提升应对气候变化能力的关键。

提升种植业适应气候变化能力。农业是国民经济的基础，种植业在整个农业部门有着特殊的地位，是整个农业的基础。气候变化对种植业的影响比较大，会改变种植制度，使种植界限发生变化。同时，气温升高增加了热量资源，≥0℃积温的增加使我国多熟制地区北移西扩，再加上气温升高幅度由南向北递增，这在客观上增加了一年二熟和一年三熟作物的种植面积。在气候变暖背景下，南方地区和北方地区的种植制度发生了较大的变化，南方地区多熟制作物种植界限向北、向西扩展，多熟制作物种植区域扩大，这在一定程度上有利于单位面积作物产量的增加。因此，一是大力加强农田水利基础设施建设。水利设施是应对气象灾害的有力助手。相关部门应提供充足的资金兴修水利，尤其是要完善灌溉体系，充分发挥水渠排水、泄洪、抗旱功能。应在技术方面予以支持，争取早日建成一系列高技术含量、全自动化、配套完备的农田水利设施，以降低人工参与度，提高水资源利用率。二是合理规划土地利用。一方面，应积极引导生态脆弱区退耕还林、退田还湖、退耕还湿、退林还草，保护生态环境，并鼓励农田林网建设，保持局部小气候稳定。另一方面，分散的小农户在抵御自然灾害面前显得比较脆弱，相较于分散经营，规模经营可以更有效地利用信息、各项农业基础设施和相关配套服务，抵御自然和市场风险的能力较强。因此，政府应合理规划土地，积极引导农户进行土地流转并实行农业规模化经营，帮助农户提高抵御自然灾害的能力。[①] 三是加强退耕还林、退果还林。对坡度为 25°以上的耕地和果园要严格限制，提高农业抵御自然灾害的能力。研究不同地貌背景下气候变化对水稻、甘蔗、玉米、杧果、荔枝和柑橘等主要农产品生长繁育的影响，调整作物品种布局和种植制度，提高农产品品种的品质和适宜性，创新提高农产品附加值的加工技术和方法。

提升林业适应气候变化能力。森林通过光合作用，吸收大气中的二氧化碳，释放出氧气，维护地球碳平衡和人类生存。森林是陆地上最大的碳储库，减少森林损毁、增加森林面积是应对气候变化的有效途径。碳汇功能是森林固有的生态服务功能。在气候变暖未受到广泛关注之前，森林碳汇价值难以变现。应对气候变化对森林碳汇的需求，使森林碳汇价值通过市场或非市场手段变现成为可能，可为森林经营者带来更多的经济收益和发展资金，进而激发人们更好地保护和发展森林资源。提升林业适应气候变化能力，必须大力推进现代林业建设，不断增加森林资源的数量并提高质量，全面增强森林的碳汇功能。一是努力增加森林资源。继续实施林业重点工程，深入开展全民义务植树行动，广泛动员社会力量参与林业建设，不断开发森林资源，增加森林碳吸收。加大森林资源保护力度，严厉打击各种毁林行为，减少森林碳排放。二是增强森林生态系统适应气候变化的能力。加强气候变化背景下造林树种选择、林分结构调整、生态系统管理等方面的研究，将适应性管理融入森林经营和野生动植物保护工作中，优先保护脆弱的生态系统、种群和物种，维护森林生态系统健康。三是大力发展林业产业。积极推进木材工业"节能、降耗、减排"和木材资源高效、循环利用，大力发展木材精深加工业，合理开发利用生物质新材料、新能源，增强木材及

---

① 江慧珍、朱红根：《气候变化对种植业的影响及应对策略》，《农业经济与科技》2014 年第 25 期。

其相关产品的储碳能力。四是科学监测和预测森林碳汇变化情况。尽早建立森林碳汇监测技术体系，连续监测和预测森林碳汇变化，为制定应对气候变化中长期战略提供科学支撑。积极开展碳汇造林试点，继续完善碳汇项目相关技术标准，健全碳汇计量监测机构、人员队伍和管理体系，加强相关国际进展的跟踪研究。

三　加强海洋和海岸带生态系统监测及灾害防护能力建设

气候变化对海洋和海岸带的影响主要表现为海平面不断上升，各种海洋灾害发生频率和严重程度持续提高，滨海湿地、珊瑚礁等生态系统的健康状况多呈恶化趋势。我国易受极端天气和海洋过程影响的海洋灾害主要有风暴潮、巨浪、咸潮等，受全球大气和海洋增温影响的灾种主要有赤潮等，其他灾种如海岸侵蚀、海水入侵、土壤盐渍化等与海平面上升有密切关系。广西沿海海洋生态环境优良，拥有红树林、珊瑚礁和海草床三类最典型的海洋自然生态系统以及中华白海豚、儒艮等濒危国家保护动物。气候变化对海洋及海岸带势必产生明显的影响，可能改变沿海产业布局及沿海地区人类活动。因此，要加强海洋和海岸带应对气候变化能力建设。一是加强海洋生态系统监测和修复。实施严格的海洋生态红线管理制度，完善海洋生态环境监测系统，加强海洋生态灾害监测评估和海洋保护区建设。大力建设沿海防护林，开展红树林和滨海湿地生态修复。二是加强海洋灾害防护能力建设。加强海洋气象基础设施建设，完善海洋立体观测预报网络系统，加强对台风、风暴潮、赤潮、海啸、巨浪等海洋灾害预报预警，增强预警基础保障能力，健全应急预案和响应机制，提高防御海洋灾害的能力，促进海洋观测资料共享。三是加强海岸带综合管理。提高沿海城市和重大工程设施防护标准。加强海岸带岸线和海域利用综合风险评估。严禁非法采砂，加强河口综合整治和海堤、河堤建设。合理控制沿海地区地下水开采，防范地面沉降、咸潮入侵和海水倒灌。四是保障海岛与海礁安全。海岛和海礁是广西重要的海域资源，目前广西共有海岛 646 个，海岛总面积为 119.9 平方公里，其中无居民海岛共 632 个。从提升应对气候变化能力角度来看，广西要重点提高岛、礁、滩分布集中海域的气候变化监测与观测能力。实施海岛防风、防浪、防潮工程，提高海岛海堤、护岸等设防标准，防治海岛洪涝和地质灾害，保障海岛与海礁安全。

四　提高人群适应气候变化能力

气候变化对人类的影响是明确的，并具有潜在的不可逆转的影响，目前已威胁到全球各地的人群健康。气候变化对脆弱人群以及贫困地区的人群影响更大。2000～2017 年，全球更频繁和更强烈的热浪在增加，暴露在热浪下的脆弱人群增加了约 1.25 亿人。在此期间，环境温度升高导致全球户外劳动生产率下降 5.3%。总体而言，自 2000 年以来，与天气相关的灾害发生频率提高了 46% 以上，这些极端事件带来的损害没有明显的上升或下降趋势，表明对气候的适应性反应可能已经开始。[①] 因此，研究人群适应气候变化能力，对提高人类健康水平、改善气候环境质量具有重要意义。一是要加强气候变化对人群健康影响评估。完善气候变化敏感地区公共医疗卫生资源和设施布局。加强气候变化相关疾病特别是传染性和突发性疾病的流行特点、规律及适应策略、技术研究，探索建立对气候变化敏感的疾病监测预警、应急处置和公众信息发布机制。建立极端天气气候灾难灾后心理干预机制。二是要制订气候变化影响人群健康应急预案。定期开展风险评估，确定季节性、区域性防治重点。加强对气候变化条件下媒介传播疾病的监测与防控。加强与气候变化

---

① 中国科学院兰州文献情报中心：《协调是减少极端天气相关灾害风险的关键》，《气候变化科学动态监测快报》2017 年第 22 期。

相关的卫生资源投入与健康教育，增强公众自我保护意识，改善人居环境，提高人群适应气候变化能力。

五 强化水资源安全保障

水对调节气候变化具有重要影响，水汽是成云致雨的重要因素，大气中水汽的含量直接影响天气和气候的变化，因此强化水资源安全保障对提升应对气候变化能力至关重要。

加强水资源管理。实行最严格的水资源管理制度，大力推进节水型社会建设。加强水资源优化配置和统一调配管理，加强中水、海水淡化、雨洪等非传统水源的开发利用。完善水资源跨区域作业调度运行决策机制，科学规划、统筹协调区域人工增雨作业。推进水权改革和水资源有偿使用制度，建立受益地区对水源保护地的补偿机制。

加强水资源利用基础设施建设。水资源利用基础设施建设对应对气候变化至关重要。水资源是广西缺水地区生产生活的生命线，因此必须加大力度开展工程性缺水地区重点水源建设，加快农村饮水安全工程建设，推进城镇新水源、供水设施建设和管网改造。加快推进西江干支流、中小河流治理，建设防洪控制性工程，强化重点海堤标准化建设，明显提升抵御洪涝灾害能力。加强桂中、桂西重点旱片和灌区工程建设，高标准规划建设节水型、生态型大型灌区，扎实推进小型农田水利重点县建设，明显提升主要旱片抗旱和灌区灌溉能力。

六 提高防灾减灾能力

在全球气候变化背景下，旱涝等灾害及其对人类生产生活的影响呈加重趋势。《气候变化国家评估报告》① 表明，未来中国区域性

---

① 《气候变化国家评估报告》是由科学技术部、中国气象局、中国科学院等 12 个部门组织实施的一项重要工程，由 17 个部门的 88 位专家参与编写工作，这是我国第一次组织编写此类报告。

干旱范围仍将扩大，强度仍将提高，暴雨频发的趋势仍将持续，对粮食安全和经济社会可持续发展的影响将更大。在这种情况下，提高防灾减灾能力对于应对气候变化来说显得越来越重要。

加强气候灾害管理。科学规划、合理利用防洪、人防工程。严禁盲目围垦、设障、侵占湖泊、河滩及行洪通道，研究探索大中小型水库汛限水位动态控制。完善地质灾害预警预报和抢险救灾指挥系统。采取导流堤、拦沙坝、防冲墙等工程治理措施，合理实施搬迁避让措施。针对强降水、台风、高温、冰冻等极端天气事件，提高城市给排水、供电、供气、交通、信息通信等生命线系统的设计和建设标准，增强抗风险能力。提升近海沿岸灾害预警预报能力，建立沿海台风、风暴潮、赤潮、海啸、灾害性海浪的预警和应急系统，对在海洋灾害重点防御区内设立的产业园区和重大工程项目建设进行气象、海洋灾害风险评估，预测和评估台风、海啸、海浪、风暴潮等灾害的影响。加强西江干支流沿岸重点城市和城镇防洪堤工程建设，确保沿江城市、县城达到国家防洪标准。推进干支流堤防工程建设，加强蓄滞洪区的建设管理，减少洪涝灾害损失。

加强公众预警防护系统建设。建立极端天气事件信息管理系统和预警信息发布平台，拓展动态服务网络，通过各类媒体让公众在短时间内及时接收预警信息。完善气候变化对人体健康影响的监测预警系统，提高极端天气事件及流行性疾病预警能力。提高脆弱人群的社会管理和风险防控能力，普及城市应对极端天气事件风险知识。

健全气候变化风险管理机制。近年来，我国气候变化风险管理工作的重点已经由应急防御、灾后救助和恢复为主向灾害风险防范转变，强调变被动防灾为主动应对，使防灾减灾工作由减轻灾害损失向降低灾害风险转变。虽然极端天气事件变得更加严重和频繁，但随着灾害管理理念的转变和防灾减灾能力的提高，气候灾害造成的死亡人数呈逐年下降的趋势。气候灾害造成的经济损失仍然不容忽视，积极应对极端天气事件、有效管理灾害风险，是实现可持续发展的重要内容。应健全防灾减灾管理体系，改进应急响应机制；完善气候灾害风险区划和减灾预案；开发政策性与商业性气候灾害保险，建立巨灾风险转移分担机制；针对气候灾害新特征调整防灾减灾对策，科学编制极端天气事件和灾害应急处置方案。

|第六章|

专题报告：广西应对气候变化研究专论

第一节 广西低碳试点示范建设思路

当前，广西在低碳城市、低碳园区及低碳社区等低碳试点示范建设领域取得了积极成效，积累了相关经验，为全面推进低碳试点建设奠定了基础。

一 国家低碳试点的类型与政策

积极应对气候变化是我国经济社会发展的一项重大战略，也是加快经济发展方式转变和经济结构调整的重大机遇。我国正处在全面建成小康社会的攻坚时期、工业化城镇化加快发展的重要阶段和加快实现高质量发展的关键阶段，能源需求还将继续增长。在发展经济、改善民生的同时，如何有效控制温室气体排放、妥善应对气候变化，是一项全新的课题。"十二五"以来，我国坚持从实际出发的方针，立足国情、统筹兼顾、综合规划，加大改革力度、完善体制机制，依靠科技进步、加强示范推广，努力建设以低碳排放为特征的产业体系和消费模式，开展了不同类型的低碳试点工作，充分调动了各方面的积极性，积累了对不同地区和行业分类指导的工作经验。

多年来，为控制温室气体排放以及倡导低碳生产、低碳消费和低碳生活理念，我国因地制宜地开展了多种类型的低碳试点工作，包括低碳工业园区、低碳省区和城市、低碳城镇、绿色能源示范县、新能源示范城市（产业园区）、绿色生态示范城区，建立了多样化的低碳发展保障与长效机制。工业和信息化部、国家发展改革委发布的《关于组织开展国家低碳工业园区试点工作的通知》（工信部联节〔2013〕408号）确定了第一批55家工业园区试点，主要涉及新材料、电子信息、新能源、生物医药、装备制造、通信、石油化工等行业。国家发展改革委发布的《关于开展低碳省区和低碳城市试点工作的通知》（发改气候〔2010〕1587号）确定了第一批试点省区和城市，包括广东、辽宁、湖北、陕西、云南五省以及天津、重庆、深圳、厦门、杭州、南昌、贵阳、保定八市。国家发展改革委发布的《关于开展第二批低碳省区和低碳城市试点工作的通知》（发改气候〔2012〕3760号）确定了第二批国家低碳省区和低碳城市试点范围，分别为北京市、上海市、海南省、石家庄市、秦皇岛市、晋城市、呼伦贝尔市、吉林市、大兴安岭地区、苏州市、淮安市、镇江市、宁波市、温州市、池州市、南平市、景德镇市、赣州市、青岛市、济源市、武汉市、广州市、桂林市、广元市、遵义市、昆明市、延安市、金昌市、乌鲁木齐市。国家发展改革委发布的《关于加快推进低碳城（镇）试点工作的通知》（发改气候〔2015〕1770号）选定广东深圳国际低碳城、广东珠海横琴新区、山东青岛中德生态园、江苏镇江官塘低碳新城、江苏无锡中瑞低碳生态城、云南昆明呈贡低碳新区、湖北武汉花山生态新城、福建三明生态新城作为首批国家低碳城（镇）试点。国家能源局、财政部、农业部联合发布的《关于授予北京市延庆县和江苏省如东县等108个县（市）国家绿色能源示范县称号的通知》（国能新能〔2010〕349号）选定了国家首批绿色能源示范县，包括北京延庆县、天津宁河县、河北平山县等共 108 个。国家能源局发布的《关于公布创建新能源示范城市（产业园区）名单（第一批）的通知》（国能新能〔2014〕14 号）确定了国家创建第一批新能源示范城市名单，包括北京昌平区、河北承德市、山西长治市等共 81 个，重点发展太阳能、风能、地热能和生物质能等新型能源。同时，该通知也确定了中新天津生态城、北戴河新区、大连三十里堡工业园、长春经济技术开发区、南京江宁经济技术开发区、镇江经济技术开发区、马鞍山承接产业转移示范园区、青岛中德产业园 8 个国家第一批新能源示范产业园区，重点发展太阳能、风能、地热能和生物质能等新型能源。

为控制温室气体排放、实现低碳发展、充分发挥市场机制在温室气体排放资源配置中的决定性作用，国家发布了一系列政策性文件用以指导与推动低碳发展和碳市场建设（见表 6-1）。

表 6-1　　"十二五"以来国家层面的相关低碳政策

发布机构	文件名	主要内容	时间
十一届全国人民代表大会	《中华人民共和国国民经济和社会发展第十二个五年规划纲要》	提出探索建立低碳产品标准、标识和认证制度，建立完善温室气体排放统计核算制度，逐步建立碳排放交易市场	2011 年 3 月
国务院	《"十二五"控制温室气体排放工作方案》	明确到 2015 年中国控制温室气体排放的总体要求和主要目标，提出要综合利用多种措施有效控制温室气体排放，并通过低碳试验试点形成一批典型的低碳省区、低碳城市、低碳园区和低碳社区等，从而全面提升温室气体控排能力	2011 年 12 月
国家发展改革委	《关于开展低碳省区和低碳城市试点工作的通知》	确定在部分省市开展低碳试点工作，广东、辽宁、湖北、陕西、云南 5 个省份以及天津、重庆、深圳、厦门、杭州、南昌、贵阳、保定 8 个城市成为首批试点地区	2010 年 7 月
	《关于开展碳排放权交易试点工作的通知》	批准北京、上海、天津、重庆、湖北、广东和深圳七省市开展碳交易试点工作	2011 年 10 月

发布机构	文件名	主要内容	时间
国家发展改革委	《关于开展第二批低碳省区和低碳城市试点工作的通知》	确定北京、上海、海南和石家庄等29个低碳试点	2012 年 11 月
	《关于印发首批 10 个行业企业温室气体排放核算方法与报告指南（试行）的通知》	具体包括发电、电网、钢铁、化工、电解铝、镁冶炼、平板玻璃、水泥、陶瓷、民航共 10 个行业企业	2013 年 10 月
	《关于组织开展重点企（事）业单位温室气体排放报告工作的通知》	全面掌握重点单位温室气体排放情况，完善国家、地方、企业三级温室气体排放基础统计和核算工作体系，为实行温室气体排放总量控制、开展碳排放权交易等相关工作提供数据支撑	2014 年 1 月
	《关于开展低碳社区试点工作的通知》	打造一批具有不同区域特点、不同发展水平、特色鲜明的低碳社区试点	2014 年 3 月
	《关于印发〈国家应对气候变化规划（2014～2020 年）〉的通知》	到 2020 年应对气候变化工作的主要目标具体包括：控制温室气体排放行动目标全面完成，低碳试点示范取得显著进展，适应气候变化能力大幅提升，能力建设取得重要成果，国际交流合作广泛开展，等等	2014 年 9 月
	《碳排放权交易管理暂行办法》	明确了全国碳市场建立的主要思路和管理体系，国家发展改革委依据本办法负责碳排放交易市场的建设，并对其运行进行管理、监督和指导	2014 年 12 月
	《关于加快推进低碳城（镇）试点工作的通知》	选择一批基础条件较好、规划理念先进、发展潜力巨大的城区和城镇，开展国家低碳城（镇）试点	2015 年 8 月
	《关于印发 2018 年能源工作指导意见的通知》	全国能源消费总量控制在 45.5 亿吨标准煤左右，非化石能源消费比重提高到 14.3% 左右，天然气消费比重提高到 7.5% 左右，煤炭消费比重下降到 59% 左右；单位国内生产总值能耗同比下降 4% 以上。燃煤电厂平均供电煤耗同比减少 1 克左右；加快能源绿色发展，促进人与自然和谐共生	2018 年 2 月

续表

发布机构	文件名	主要内容	时间
全国工商联新能源商会低碳减排专业委员会	《关于碳排放权交易管理条例立法的建议》	尽快出台《全国碳排放权交易管理条例》，以立法的形式确定碳排放权交易的制度目标，对碳排放许可、分配、交易、管理各方的权利义务、法律责任等做出规定	2018 年 3 月
中美两国	《中美气候变化联合声明》	达成温室气体减排协议，美国承诺到 2025 年减排 26%，中国承诺到 2030 年前停止增加二氧化碳排放	2014 年 11 月
	《中美元首气候变化联合声明》	一方面，明确提出我国计划于 2017 年启动覆盖钢铁、电力、化工、建材、造纸和有色金属等重点工业行业的全国碳排放交易体系；另一方面，表示将支持其他发展中国家应对气候变化，包括增强其使用绿色气候基金和资金的能力	2015 年 9 月

资料来源：根据相关资料整理。

二　低碳试点建设的制约因素

总体来看，广西在推进低碳技术和制度创新领域取得了一定成效，建立了低碳生活理念和生活方式，提高了资源、能源利用效率，减少了温室气体排放，逐步形成了资源集约、环境友好、社会和谐的社会经济运行模式以及健康、节约、低碳的生活方式和消费模式，对促进城市高效发展、低碳发展和可持续发展具有重要意义。因此，发展低碳经济、建设低碳城市，是应对气候变化的必由之路。而实现这一目标最有力的抓手就是大力发展各类型低碳试点。但就目前来看，广西已有的省级低碳试点数量与其他省份相比仍然存在较大差距（见表 6 - 2）。

表 6-2　2015 年广西低碳试点类型与国内其他省份对比

省份	人口 （万人）	GDP （万亿元）	人均 GDP （万元）	试点类型	
				国家级	省级
四川	8042	3.01	3.74	低碳工业园区试点、低碳城市试点、绿色能源示范县、新能源示范城市	低碳社区、低碳园区、低碳产品认证
浙江	5539	4.29	7.64	低碳城市试点、低碳工业园区试点、绿色能源示范县、新能源示范城市	低碳城市、低碳城镇、低碳社区
广西	4602	1.68	3.65	低碳城市试点、低碳工业园区试点、绿色能源示范县、新能源示范城市	低碳社区
广东	10432	7.28	6.75	低碳省区、低碳工业园区试点、低碳城市试点、低碳城镇试点、绿色能源示范县、新能源示范城市、绿色生态示范区	低碳园区、低碳城市、县（区）试点、低碳社区
湖北	5852	2.96	5.16	低碳省区、低碳工业园区试点、低碳城市试点、低碳城镇试点、绿色能源示范县、新能源示范城市	低碳园区、低碳社区
江苏	7920	7.01	8.85	低碳工业园区试点、低碳城市试点、低碳城镇试点、绿色能源示范县、新能源示范产业园区	低碳经济试点城市、低碳企业、低碳园区、低碳社区

资料来源：根据《广西统计年鉴 2016》及相关政策文件资料整理。

（一）低碳城市建设的制约因素——以桂林市试点为例

一般来说，开发低碳能源是建设低碳城市的基本保证，清洁生产是建设低碳城市的关键环节，循环利用是建设低碳城市的有效方法，持续发展是建设低碳城市的根本方向。桂林市自开展低碳城市建设以来采取了一系列积极举措，并取得了一定成效，但也面临一些制约因素。

一是政策体系不完善。桂林市作为国家第二批低碳城市试点示范城市，编制了《桂林市低碳城市试点工作实施方案》等一系列相关规划和实施方案，但低碳城市政策体系仍不完善。其一是政策体系尚未形成。桂林市各领域低碳化发展的政策措施较为零散且不配套，对国家各部门在工业、交通、建筑、消费等城市相关领域出台的一些政策性文件和规章没有实施细则的衔接和相关政策的配套支持。其二是政策结构不合理。桂林市虽制定了促进城市低碳发展的规划或文件，但偏重于原则性和方向性，具体实施的政策较少。其三是政策手段单一。目前桂林市节能减排主要靠行政手段，采取的最有效方式是行政问责和强制关停，依靠市场手段进行减排的政策措施仍在研究或尝试中，有关公众参与的自愿减排政策和行动刚刚起步。其四是政策实施力度不足。对于低碳城市建设尚未建立评价或考核机制，政策落实的有效性缺乏制度性保障。

二是实现碳排放控制目标的难度较大。桂林市正处于工业化、城镇化建设的关键阶段，加工制造业处于快速扩张时期，盈利水平较高、碳强度较低的高端产业发展相对缓慢，战略性新兴产业发展规模较小，配套能力不足，自主创新能力较弱。支撑低碳发展的现代服务业发展滞后，处于生产体系高端的研发、设计、营销等生产性服务业相对落后。能效评价、清洁生产审核、节能减排技术推广和能源管理等与低碳发展直接相关的服务业尚不发达。

三是城市空间布局不够紧凑。城市新区发展不足，人口与产业集聚功能薄弱，小城镇发展建设滞后，缺乏与中心城区互补的职住平衡城市组团，未来几年，桂林市城市职住分离现象将进一步加剧，出行距离增加，同时缺乏快速、大容量公共交通系统，公共交通等低碳出行比例较低，小汽车出行比例上升。这些因素将直接导致桂林市碳排放控制难度增大。

四是公众低碳意识淡薄。公众低碳意识淡薄是普遍现象，主要表现在两个方面：首先是公众对低碳的内涵存在误解，公众易将低碳建设与生态建设、绿色建设概念混淆，低碳宣传标语偏重于生态环保的内容；其次是公众的低碳意识较薄弱，良好的节能减排生活方式仍未养成，全民参与低碳建设尚未形成体系，公众对低碳了解甚少，此方面亟待加强。

五是资金和技术人才支持不足。桂林市作为欠发达后发展地区，经济社会发展水平较低，政府财力薄弱，仅靠自身力量建设和发展低碳城市，任务艰巨，需要国家和自治区进一步完善低碳城市试点建设的相关政策和资金支持。低碳经济就是实现经济由"高碳"向"低碳"转型，必须通过科技创新，攻克和突破低碳产业发展中的关键核心技术才能实现。由于技术水平较落后，缺乏低碳技术研发机构和专业研发队伍，控制温室气体排放以及与低碳发展相关的工程技术研究推广应用基本无力开展，桂林市应对气候变化的技术创新能力明显不足。

（二）低碳园区建设的制约因素——以南宁高新区试点为例

产业园区不仅是国家和地方拉动经济增长的重要引擎，而且是能源消耗、碳排放以及环境问题的集中区域。推动产业园区低碳发展，将对广西落实生态文明建设，促进绿色发展、低碳发展、循环发展发挥重要的示范作用。

一是对试点创建工作的认识不够深入。相关部门对节能、环保、循环经济、低碳等概念的认识较为模糊，对低碳发展的内涵和意义认识不到位，大部分企业希望通过创建试点获得国家更多优惠政策，但对为什么要进行低碳发展、如何进行低碳发展等缺乏深入思考。同时，对低碳试点园区有关内容和相关知识的宣传不到位，报刊、电视、广播、互联网等媒体很少介绍有关低碳试点园区生产知识和试点建设进展情况。

二是缺乏国家层面的相关配套支持政策。由于国家层面尚未针对国家低碳工业园区出台相关配套政策，而高新园区低碳试点迫切需要有关低碳工业园区的试点定位、发展规划、评价标准等顶层指引。地方政府对低碳工业园区能够提供的经济手段有限，需要国家层面进一步明确相关配套扶持政策，使低碳工业园区的建设更显约束效力。

三是措施途径的针对性不强。低碳试点园区的创建需要结合园区产业特色和实际设定合理的主要目标、主要任务、重点工程等内容，目前南宁高新区在目标设定方面解析不够充分，存在主观性和盲目性，对园区自身的减碳潜力、预期投入及效果分析还不够深入。企业在低碳化改造中存在动力不足、创新能力不强以及核心技术薄弱等问题，直接导致低碳产业化缺乏有力的技术支撑。

四是示范项目选择不精准。园区缺乏好项目、大项目支撑，南宁高新区选择以高科技、高资金投入的低碳技术和设施为主，强调引进"高精尖"设施和资金高密度化，忽视了对节能减排技术的改造创新，日常生产生活所需的节能减排技术等先进实用的新技术在园区示范较少。大部分园区资金集中于高端低碳技术等项目，导致一些示范项目根本达不到投资的预期目的，资金使用效益没有得到有效发挥，造成项目投入成本高、产出效益低的后果。

（三）低碳社区建设的制约因素——以 10 个低碳社区试点[①]为例

广西低碳社区试点建设积极贯彻落实大力推进生态文明建设、实施主体功能区和新型城镇化战略、建设资源节约型和环境友好型社会、积极应对气候变化等重大战略部署，将有关理念和要求融入社区规划、建设、运营管理和居民生活的全过程。总体来看，广西低碳社区试点建设工作仍处于起步阶段，建设任务艰巨。

---

① 10 个低碳社区试点包括南宁市青秀区丹凤社区、南宁市青秀区新竹社区、柳州市鱼峰区鱼峰社区、玉林市玉州区江滨社区、桂林市全州县天湖社区、桂林市恭城瑶族自治县红岩村、桂林市恭城瑶族自治县黄岭村、钦州市钦南区茅坡社区、河池市屏南乡合寨村、河池市刘三姐镇流河社区。

一是方针规划不够全面。广西低碳社区试点在规划建设方面尚未做到采用各具特色的低碳社区发展模式，大部分社区试点只是进行建筑节能改造，多为建筑外墙改造和照明系统更换，改造手段单一。未能有效应用现代信息技术开发社区智慧交通服务系统，试点社区主要道路、公交场站、居民小区、公共场所的智慧交通出行引导设施建设覆盖不广，交通信息实时采集发布共享和运营调度平台不够全面，未能打造出智慧交通出行服务体系。现有各试点的碳排放统计规划设计尚未完成，数据无统一获取渠道。社区层面的用电、天然气数据无明确的官方统计渠道，需由所在区或市级层面统筹供电、供气、供水等部门，定期汇总统计数据，形成碳排放数据实时台账。

二是配套政策不完善。广西在推进省级低碳社区试点工作时，在国家和省级层面，尚未出台明确的配套政策来支持试点社区的建设，更是缺乏低碳社区建设相关领域的立法。在能源利用方面，大部分社区能源供应仍采取传统的模式，对可再生能源开发和生物能等新能源的利用偏少，社区内资源的循环利用机制和体制尚不完善，存在资源浪费现象。在创新支持政策方面，没有调动社会主体参与低碳社区试点建设的积极性，对政策性银行、商业银行、投资银行、保险机构等金融机构参与低碳社区试点的鼓励程度不够，未能有效拓宽融资渠道，BOT、PPP、特许经营等新型融资模式尚未研究利用，碳排放市场支持低碳社区试点的有效模式尚需探索。

三是管理机制缺乏创新。低碳社区试点在管理体制方面缺乏创新，仍延续传统的社区管理体制，工作手续繁杂，耗费时间长，没有引入专业化物业管理公司探索社区物业管理新模式。在垃圾处理方面，社区内生活垃圾分类与清运脱节，且垃圾分类比较简单，大多数只分为可回收与不可回收两类，居民难以做到垃圾分类处理，还存在到处乱扔垃圾的现象。没有定期开展能源资源调查统计，在能源资源消耗总量、结构和变化方面缺乏分析，有针对性的碳排放管控措施则少之又少。

四是公众参与积极性不高。当前低碳社区建设过程中，大量工作主要以政府为主导，而社区居民只是被动地配合，参与意识不强，参与度不够。从目前广西低碳社区试点建设情况来看，群众对"低碳"的认知程度和认知水平还不高，未能从衣、食、住、行、用等方面引导居民日常生活从传统的高碳模式向低碳模式转变，尚未养成健康、低碳的生活方式和生活习惯，大部分社区在开展低碳建设工作时，容易做表面文章，居民参与其中的积极性不高。低碳社区并没有在公众中形成普遍共识，社区居民缺乏真正的低碳意识，社会习俗难以改变。

三 低碳试点建设思路

未来，广西要重点推进多种类型的低碳试点建设工作，全方位、多角度、宽领域地推进低碳经济发展，重点打造低碳工业园区、低碳旅游、低碳城镇、低碳社区、低碳农业、低碳建筑、低碳景区、低碳企业以及低碳校园。

（一）低碳工业园区

低碳工业园区的建设要积极采用清洁生产技术，大力提高原材料和能源使用效率，尽可能把环境污染物的排放消除在生产过程之中，以形成低碳工业园区产业集群为最终发展目标。通过建设低碳园区发展低碳经济，减少工业园区碳排放，是实现城市可持续发展的有效途径之一。

1. 低碳工业园区试点发展基础

广西工业园区从 2011 年的 42 个增加到 2017 年的 116 个，自治区级以上工业园区共 33 个，其中国家级工业园区 12 个、自治区级工业园区 21 个。低碳工业园区试点建设可以追溯到 2001 年创建的广西贵港国家生态工业（制糖）示范园区，这是我国第一个循环经济试点。2014年，南宁高新技术产业开发区成为广西唯一一家国家低碳工业园区试点园区。《广西应对气候变化"十三五"规划》提出在现有园区基础上选择3~5个基础好、特色鲜明、代表性强、依法设立的工业园区，通过省级低碳园区试点建设，大力使用可再生能源，加快钢铁、建材、有色、石化和化工等重点用能行业低碳化改造，推广适合广西区情的工业园区低碳管理模式。

2. 低碳工业园区试点重点任务

低碳工业园区要将产业低碳化作为低碳建设的重点，通过不断加大转型升级的力度，加快工业企业低碳转型，重点发展先进装备制造、电子信息、文化创意等产业，突出培育信息软件和服务外包、物联网、云计算等新一代信息技术。加快构建低碳基础设施循环链，实现污水污泥余热综合利用和集中供气（见图6-1）。

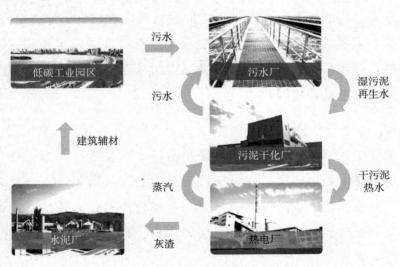

图6-1 工业园区低碳基础设施循环链

一是建立并完善节能降碳目标分解与责任考核制度。在低碳工业园区试点创建过程中，要制定适合园区自身发展特征的制度和政策，保障并促进园区低碳试点创建工作有序开展。制定《工业园区节能降耗、低碳发展行动计划》，将各项节能低碳管理的具体工作分解落实到各责任单位。实施问责和表彰奖励制度，对在节能目标责任考核中等次为"完成"或"超额完成"的单位给予通报表扬，在年度单位和个人评先中优先考虑。

二是加快工业绿色改造升级。坚持资源开发与环境保护并重、资源节约利用与产业转型升级并举，减少资源消耗和废弃物排放，推动工业走绿色发展道路。全面推进建材、机械、轻工等传统产业绿色改造，推广工业企业的生态设计。建设绿色工厂，实现厂房集约化、原料无害化、生产洁净化、废物资源化、能源低碳化。发展绿色园区，推进工业园区产业耦合，实现近零排放。打造绿色供应链，加快建立以资源节约、环境友好为导向的采购、生产、营销、回收及物流体系，落实生产者责任延伸制度（见图6-2）。

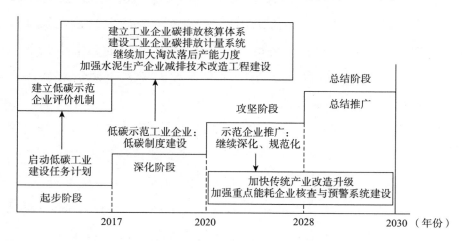

图 6-2　低碳工业实施路线

三是开展省级低碳工业园区试点申报工作。大力开展省级工业园区试点建设，加强对省级低碳工业园区试点申报的指导，争取到2020年打造3~5个省级低碳工业园区试点。低碳工业园区试点单位须满足三个条件：其一，申报单位必须是被列入《中国开发区审核公告目录》中的国家新型工业化示范基地、以工业为主的经济技术开发区和高新技术开发区；其二，申报单位必须有较好的工作基础，园区在节能减排、资源综合利用、清洁生产等方面取得了较好的成绩，有较强的低碳技术创新能力，园区在传统产业转型升级或低碳新兴产业发展方面有一定的基础；其三，申报单位必须对园区低碳发展有明确的目标和工作思路，落实实施方案有保障。

3. 低碳工业园区试点保障措施

在建设低碳工业园区过程中，要充分调动各部门和企业的积极性，将低碳工业园区建设各阶段、各层次的目标和工程项目分解到责任单位，扎实推进低碳园区试点工作。

一是争取国家政策支持。争取国家对广西产业发展和园区建设实行差异化支持政策，在重点工程、重大项目、重大政策布局和安排上给予倾斜，争取国家在糖业、铝业、汽车、石化、钢铁、电子信息等方面的支持，争取国家在安排中央技术改造、增强制造业核心竞争力、老工业基地调整改造等专项资金、中小企业发展基金、中小企业担保资金项目补助等方面加大对园区发展的资金扶持力度。

二是制定相关扶持政策。激发园区低碳发展动力，着手制定完善的低碳发展激励政策。对能够提高园区低碳经济发展水平和扩大规模的龙头企业入驻以及公共厂房建设重点给予政策优惠和支持。针对生产、消费和建设过程中的高碳排放行为出台制约政策，对低碳排放行为给予激励政策，对符合条件的节能环保、清洁生产、资源综合利用等重大技术改造，以及企业能源管理中心建设、清洁发展机制建立、气候变化国际合作等项目给予优先支持。

三是创新招商引资模式。采用全方位、多渠道、宽领域的方式开展园区招商引资，围绕高新、低碳，突出先进制造业和战略性新兴产业招商引资。利用微信、微博、微网站平台，定期发布招商动态、招商政策以及载体信息。组织开展低碳专题招商活动，加大战略性新兴产业招商力度，瞄准 500 强企业、大型央企、优质民企、创新型企业，着力引进具有低碳牵动力的重大项目。

四是加强"产学研用"合作。深化产教融合、校企合作、工学结合，开展校企联合招生、联合培养。结合广西的产业特点和发展需求，突破一批低碳技术，通过"产学研用"的充分合作，在低碳产业发展、能源开发利用、循环经济发展、生态文明建设等方面全面加深合作，加快形成产业低碳研发体系，建立完善互信互赢机制，扩大合作领域，提升园区科技创新能力，推进园区经济和产业实现低碳转型。

（二）低碳旅游

近年来，随着低碳生活理念逐步深入人心，低碳旅游模式将逐步取代其他旅游模式，进而成为生态旅游的升级版，从而引领生态旅游向纵深发展，最终实现旅游业的可持续发展。

1. 低碳旅游试点发展基础

一是旅游资源得天独厚。广西拥有丰富的自然、人文景观和多彩的民族风情，具备发展低碳旅游的基础。区内拥有以桂林漓江为代表的喀斯特旅游地貌区，以北海银滩、涠洲岛等为代表的滨海风情旅游资源，充满异国风情的边境旅游资源，以及具有浓郁地方特色的民族风情旅游资源等。近年来，广西成功打造了六大精品旅游线路，分别是桂林山水文化体验游、中越边关探秘游、北部湾休闲度假跨国游、广西世界长寿之乡休闲养生游、桂东祈福感恩游和广西少数民族风情游，实现了旅游产品由传统观光型向休闲度假型的转变。

二是旅游产业规模不断扩大。广西旅游业起步较早，并随着国家一系列经济政策的实施和中国－东盟自由贸易区的发展而迅速发展，特别是自 2013 年以来，广西把旅游业作为战略性支柱产业和人民群众满意的现代服务业来培育，取得了显著成效。2005～2017 年，广西接待国内外游客总数从 6639.16 万人次增加到 52324.30 万人次，增长了 6.88 倍；旅游业总收入从 303.70 亿元增加到 5580.40 亿元，增长了 17.37 倍；旅游业总收入占 GDP 比重和旅游业总收入占第三产业增加值比重总体呈上升态势，以旅游业为代表的低碳经济逐步成为新常态下广西新的经济增长点（见表 6-3）。

表 6-3　2005~2017 年广西接待国内外游客总数与
旅游业总收入等指标变化

年份	接待国内外游客总数（万人次）	旅游业总收入（亿元）	旅游业总收入较上年增长（%）	旅游业总收入占 GDP 比重（%）	旅游业总收入占第三产业增加值比重（%）
2005	6639.16	303.70	18.6	7.62	19.46
2006	7167.64	367.74	21.1	7.75	20.04
2007	8755.18	445.88	21.2	7.66	20.67
2008	9888.43	533.70	19.7	7.60	21.10
2009	12009.85	701.00	31.3	9.03	24.01
2010	14324.24	952.90	35.9	9.96	28.17
2011	17559.79	1277.80	34.1	10.90	31.96
2012	21128.27	1659.70	29.9	12.73	35.96
2013	24655.54	2057.10	23.9	14.31	39.78
2014	28986.18	2601.20	26.4	16.60	43.83
2015	34111.06	3254.20	25.1	19.37	49.91
2016	40900.02	4191.36	28.8	25.14	61.16
2017	52324.30	5580.40	33.1	27.36	68.12

资料来源：广西壮族自治区旅游发展委员会网站。

三是旅游业碳排放增长势头强劲。长期以来，广西旅游业二氧化碳排放总量呈逐年增加趋势。旅游住宿、旅游交通、旅游活动的碳排放量分别以 2.75%、8.76%、15.24% 的年均增速增长。从构成比例来看，旅游交通二氧化碳排放量所占比例最大，为 79.03%，说明旅游交通是广西旅游业二氧化碳排放的主要来源；旅游住宿二氧化碳排放量占比为 17.34%，并有逐年下降趋势；旅游活动二氧化碳排放量所占比例最小，为 3.63%，虽然其在旅游业二氧化碳排放中所占的比例较小，但增长势头强劲。

四是试点建设基础凸显。根据《国家生态旅游示范区建设与运营规范（GB/T26362—2010)》《国家生态旅游示范区管理规程》《国家生态旅游示范区建设与运营规范（GB/T26362—2010）评分实施细则》《广西生态旅游示范区管理规程》等，经过申报、推荐、评审等程序，广西已确立一批与低碳旅游相关的试点，包括国家低碳旅游实验区、国家级生态旅游示范区、中国绿色旅游示范基地、自治区级生态旅游示范区等试点，具备试点建设基础（见表6-4）。

表6-4 广西与低碳旅游相关的试点一览

试点类型	牵头单位	获批试点名称	获批年份	相关法规
国家低碳旅游实验区	中华环保联合会、中国旅游协会旅游景区分会	广西通灵大峡谷旅游有限责任公司	2011	《全国低碳旅游实验区评分标准》
国家级生态旅游示范区	国家旅游局、环境保护部	贺州市姑婆山国家森林公园	2013	《国家生态旅游示范区管理规程》《国家生态旅游示范区建设与运营规范（GB/T26362—2010)》《国家生态旅游示范区建设与运营规范（GB/T26362—2010）评分实施细则》
		柳州市大龙潭景区	2014	
		崇左市大德天景区	2015	
中国绿色旅游示范基地	国家旅游局	桂林漓江	2016	《国家绿色旅游示范基地标准》

续表

试点类型	牵头单位	获批试点名称	获批年份	相关法规
自治区级生态旅游示范区	广西壮族自治区旅游局、广西壮族自治区环境保护厅	南宁青秀山旅游风景区、柳州大龙潭景区、贺州十八水原生态景区、贵港龙潭国家森林公园、北海金海湾红树林生态旅游区、钦州八寨沟旅游区	2013	《广西生态旅游示范区管理规程》
		南宁大明山风景旅游区、梧州石表山景区、百色德保红叶森林景区、贺州大桂山国家森林公园、河池小三峡景区、河池环江牛角寨瀑布群景区、来宾金秀莲花山景区	2014	
		崇左市大德天景区、来宾金秀银杉公园景区、北海银滩景区、北海涠洲岛鳄鱼山景区、钦州市林湖森林公园景区、钦州市浦北五皇山景区、鹿寨香桥岩景区、环江喀斯特生态旅游区、宜州下枧河景区、天峨龙滩大峡谷景区	2015	

资料来源：广西壮族自治区旅游发展委员会网站。

2. 低碳旅游试点重点任务

低碳旅游是指在旅游发展过程中，通过运用低碳技术、推行碳汇机制和倡导低碳旅游消费方式，以获得更高的旅游体验质量和更大的旅游经济、社会、环境效益的一种可持续旅游发展新方式。[①] 旅游过程中食、住、行、游、购、娱的每一个环节都体现低碳经济的理念，体现了低碳理念、低碳参与者及低碳实践之间相互依存的关系。因此，在低碳旅游发展中要建立科学、完善的低碳旅游建设指

[①] 张前、田红：《山东省低碳旅游发展对策研究》，《对外经贸》2012 年第 2 期。

标体系，编制低碳旅游碳排放核算指南，加强旅游基础设施低碳化建设，启动低碳旅游试点建设工作（见表6-5）。

表6-5　广西低碳旅游重点任务

重点任务	主要内容
建立科学、完善的低碳旅游建设指标体系	借鉴《全国低碳旅游实验区评分标准》《国家生态旅游示范区建设与运营规范（GB/T26362—2010）》等，结合广西发展实际，深化"低碳旅游"理念，坚持以保护低碳资源为核心，建立科学、完善的低碳旅游建设指标体系。主要以低碳景观、景区植被、景区水质量、景区大气质量等为评价内容，倡导在旅游中尽量减少碳足迹与二氧化碳排放，让旅游者在旅游消费的过程中将碳排放量降到最低
编制低碳旅游碳排放核算指南	明确广西旅游业碳排放核算边界、计算方法、监测统计与报告体系，为广西旅游业碳排放的核算提供数据参考，及时调整经营策略，降低经营成本
加强旅游基础设施低碳化建设	积极推广节能减排技术，加强旅游综合交通体系建设，大幅度提高旅游公共交通出行率，开展旅游接待设施低碳化改造，推进旅游公共服务体系建设。在交通基础设施合作方面，抓住关键通道、关键节点和重点工程，优先打通"断头路"，畅通瓶颈路段，配套完善道路安全防护和交通管理设施设备。在通信基础设施方面，加快推进光缆建设，扩大信息交流与合作
启动低碳旅游试点建设工作	编制低碳旅游试点建设工作实施方案，制定实施旅游环境卫生、旅游安全、节能环保等标准，推动实施旅游试点创建工作，加强建设使用清洁能源和可再生能源，推广低碳技术、节水节电、垃圾分类、资源循环利用、绿色建筑、低碳交通、绿色消费等，积极开展低碳旅游试点申报工作，推选10个左右具备低碳旅游设施、产品和低碳管理模式的景区作为低碳旅游试点

资料来源：《广西壮族自治区人民政府办公厅关于印发〈广西旅游业发展"十三五"规划〉的通知》（桂政办发〔2016〕182号），2016年12月。

3. 低碳旅游试点保障措施

旅游业是资源消耗少、污染小的"无烟工业"，在国民经济和社会发展中的地位越来越重要，对推动第三产业发展起着极其重要的作用。因此，发展低碳旅游业已成为旅游业实现高质量发展的必然趋势。

一是加强组织领导。成立低碳旅游发展领导小组，认真落实各项工作，及时协调解决工作中存在的问题。健全低碳旅游工作目标责任制，加强低碳旅游工作目标绩效管理考核和督查。旅游主管部门要充分发挥主观能动性，统筹协调相关行业、部门推进低碳旅游的业务管理工作。宣传、发改、财政、环保、住建等涉旅部门和单位各司其职，密切配合，制定相关措施，积极支持低碳旅游业发展。

二是建立健全旅游法规与规划。全力配合国家关于低碳旅游的立法工作，加快修订《广西壮族自治区旅游管理条例》，制定完善低碳旅游市场监管、资源保护、从业规范等相关法规。在编制和调整自治区发展规划、土地利用总体规划、基础设施规划等相关规划时要充分考虑低碳旅游发展需要。

三是加强低碳旅游人才队伍建设。把旅游人才队伍建设作为发展低碳旅游的重要内容，组织、人事等部门要把培育旅游人才作为基础工程来抓，大力实施"人才兴旅"战略。通过举办专题培训、实地参观学习等方式，加大对现有旅游工作人员的培训力度，使其树立低碳理念。为满足旅游产业发展的人才需求，在旅游管理专业本科院校实施"2 + 1 + 1"三段式人才培养模式，采取校企合作方式共建低碳旅游师资队伍，通过"教学 + 实习 + 就业"实现理论教学与实践教学相融合。

四是加大低碳旅游宣传推广力度。大力宣传和倡导生态、健康、绿色的低碳旅游方式，鼓励大众在出行过程中以及在景区旅游中尽量使用公共交通工具，注重环境保护。鼓励旅游企业建立低碳联盟，推广、交流节能减排技术，推行低碳旅游方式，推出典型低碳旅游线路。为使旅游者增强降碳、节能减排的意识和能力，建议收集整理国内外低碳旅游小窍门和使用方法，按旅游要素分类总结，形成便于旅游者携带和操作的《低碳旅游手册》，挖掘旅游者降碳、节能减排的潜力，充分调动其积极性。

（三）低碳城镇

低碳城镇是指在经济持续发展的前提下，城镇保持低水平的能源消耗和二氧化碳排放。低碳城镇的建设目标是通过自身低碳经济发展和低碳社会建设，保持能源低消耗和二氧化碳低排放，同时推进以新能源设备制造为主导的低碳产业发展。低碳城镇是在人类迫切需要解决自身发展与环境压力这一矛盾的态势下应运而生的。

1. 低碳城镇试点发展基础

近年来，通过国家政策的有力推进、地方政府的主动实践和国际合作的积极推动，广西低碳城镇相关试点建设已经起步并取得了明显成效。广西已获批的与低碳城镇相关的国家级试点主要有国家低碳城市试点、国家生态文明先行示范区、低碳生态试点城镇/绿色生态示范城区、国家智慧城市试点、APEC低碳城镇项目、中欧低碳生态城市合作项目、新型城镇化综合试点、建制镇示范试点以及特色小镇，为低碳城镇试点工作的开展提供了重要基础和借鉴（见表6－6）。

表6－6　广西已获批的与低碳城镇相关的国家级试点一览

试点类型	牵头单位	获批年份	获批试点单位
国家低碳城市试点	国家发展改革委	2012	桂林市
国家生态文明先行示范区	国家发展改革委、科技部、财政部、国土资源部、环境保护部、住建部、水利部、农业部、国家林业局	2014 2015	玉林市、富川瑶族自治县、桂林市、马山县
低碳生态试点城镇/绿色生态示范城区	住建部	2014	广西五象新区核心区

试点类型	牵头单位	获批年份	获批试点单位
国家智慧城市试点	住建部、科技部	2013 2014	南宁市、柳州市（含鱼峰区）、桂林市、贵港市、钦州市、玉林市、柳州市鹿寨县
APEC 低碳城镇项目	国家能源局	2014	广西五象新区核心区
中欧低碳生态城市合作项目	住建部	2015	柳州市、桂林市
新型城镇化综合试点	国家发展改革委、中央编办、公安部、民政部、财政部、人力资源和社会保障部、国土资源部、住房和城乡建设部、农业部、中国人民银行、银监会	2014 2015	柳州市、来宾市、全州县、平果市、北流市
建制镇示范试点	财政部、国家发展改革委、住房和城乡建设部	2015	象州县石龙镇、鹿寨县寨沙镇、柳州市柳北区沙塘镇
特色小镇	住房和城乡建设部、国家发展改革委、财政部	2016	柳州市鹿寨县中渡镇、桂林市恭城瑶族自治县莲花镇、北海市铁山港区南康镇、贺州市八步区贺街镇

注：试点分为两类，分别为综合试点城市和专项试点城市，柳州和桂林入选专项试点城市。

2. 低碳城镇试点重点任务

着眼未来，要秉承低碳发展理念，坚持高端发展，加快建设环境友好城市先行区、新型低碳产业集聚区、低碳生活方式引领区，发展低碳经济、建设低碳社会、创造固碳条件、创新低碳技术，最大限度地减少温室气体排放，实现经济社会发展与气候环境保护的双赢。结合广西实际情况，以低碳理念统领试点城镇规划、建设、运营和管理全过程，以低碳生产、低碳生活、低碳服务为重点内容，建立低碳城镇温室气体排放信息化管理体系，在城镇规划和建设指标体系中纳入能源消费和碳排放指标。

一是建设低碳发展国际合作平台。在低碳城镇规划、建设和管理等方面加强国际交流与合作，举办"国际低碳城镇论坛"，从低碳规划、能源、建筑以及低碳生活等多方面交流低碳发展趋势、研讨低碳产业方向、推介低碳技术成果，逐步成为展示广西应对气候变化行动、促进低碳发展国际合作的重要载体以及政府、企业、智库共商应对气候变化治理方式和可持续发展的平台。鼓励低碳企业广泛整合人才和技术力量，组建低碳企业技术联盟。

二是探索低碳城镇运营管理机制。建立职能综合、运作高效、机构精简的管理机制，加强城镇低碳试点管理。结合电子政务、智慧城市建设，鼓励建设信息化智能管理综合平台，实现政务服务、企业生产、居民生活信息集成、共享和应用，降低人力、资源、物流等要素成本。建立城镇试点温室气体排放信息化管理体系，在主要企业建设能源和温室气体数据在线监测系统。

三是形成低碳技术研发应用高地。通过政府引导，加大对自主创新的投入，支持科研机构入驻城镇试点，鼓励企业在试点城镇设立或迁入低碳技术研发总部，开展智能电网、先进储能、分布式能源、高效节能工艺及余能余热规模利用、被动式绿色低碳建筑、新能源汽车、城市能源供应侧和需求侧节能减碳等低碳技术研发。加强企业、高校和科研院所的合作，建立低碳城镇产学研联盟，搭建工程技术研发中心、工程实验室和企业技术中心等创新平台。

四是构建低碳城镇建设评价指标体系。构建低碳城镇建设评价体系，有助于更好地指导和推进低碳城镇建设。这一体系由指标清单、城镇低碳评估报告和行动计划三部分组成，其中指标清单又分为主要指标和支持指标两类。综合相关文献研究，设计构建低碳城镇建设评价指标体系（见表6-7）。

表 6 - 7   低碳城镇建设评价指标体系

一级指标	二级指标
经济低碳	碳生产力
	能源强度（%）
	脱钩指数
能源低碳	非化石能源占一次能源消费比重（%）
	人均可再生非商品能源使用量（万吨标准煤）
	碳能源强度
设施低碳	公共建筑单位面积碳排放（万吨标准煤）
	居住建筑单位面积碳排放（万吨标准煤）
	绿色出行分担率（%）
环境低碳	空气污染指数（API）低于 100 的天数比例（%）
	森林覆盖率（%）
社会低碳	城乡居民收入比
	人均碳排放（万吨标准煤）
	城镇低碳管理体系
	居民人均日生活用水量 [升/（人·天）]
	低碳宣传教育普及度（%）

资料来源：根据相关文献综合设计。

3. 低碳城镇试点保障措施

低碳城镇是产业发展和城区建设融合、空间布局合理、资源集约综合利用、基础设施低碳环保、生产低碳高效、生活低碳宜居的低碳示范城镇，其建设过程就是实现城镇从"降碳"到"零碳"的发展演进。

一是加强组织领导。要把建设低碳城镇提上重要议事日程，纳入目标责任制考核体系，实行"一把手"亲自抓、负总责，形成一级抓一级、层层抓落实、相互配合、良性互动的工作格局。要把低碳城镇建设目标任务完成情况作为评价各级领导班子和干部政绩的重要内容，确保组织到位、领导到位、工作到位、措施到位、经费到位。设区市要成立低碳城镇建设领导小组，办公室设在市发展改革委，具体负责低碳城镇建设的协调、落实等工作。

二是强化规划引导。坚持规划先行，根据低碳经济发展要求及国家、自治区相关规划，加快编制低碳城镇建设发展规划，明确低碳城镇建设的总体思路、原则、目标和主要任务，细化各重点领域工作部署，科学、系统、全面地开展低碳城镇建设工作。各有关部门要认真制定低碳产业、低碳交通等相关专项规划，形成健全完备的低碳城镇建设规划体系。

三是完善配套政策。清晰的低碳配套政策和制度是政府释放的强有力的发展导向，可以引导企业发展和城市居民生活向低碳模式改进。广西可以根据低碳城镇建设工作的实际，制定并完善产业结构调整、节能降耗方面的财税、金融和价格等扶持政策，完善考核、奖惩等相关配套制度。加大对低碳产业的扶持力度，优先保证低碳产业项目建设用地。加大财政投入力度，做好低碳城镇建设资金保障。鼓励企业招商引资、上市融资、发行债券，引导金融机构加大信贷供给，支持低碳重点工程、低碳产品和低碳新技术推广应用。对符合相关领域要求的现有中央预算内投资项目给予优先支持。

四是建立统计体系。按照低碳城镇建设工作要求，制定和完善切实可行的温室气体排放统计指标体系，建立完整的数据收集和核算系统，把温室气体排放列入日常数据统计中。加强目标责任管理，强化统计、监测、评价和考核工作，制定具体的考核方案和评价标准，将低碳城镇建设相关指标纳入各级各部门综合考核评价体系，确保低碳城镇建设各项工作顺利推进。

五是开展对外合作。发展低碳经济的核心是技术创新，通过培育低碳企业，推广低碳技术和产品，为低碳转型和高质量发展提供强有力的支撑。要积极引进先进低碳技术，吸引国内外领军企业、高端人才、科研机构来广西发展低碳产业。加强清洁发展机制

（CDM）能力建设，积极推动企业参与清洁发展机制的国际互惠交易活动。充分争取利用国内外政府、各类组织资金，支持广西低碳发展的基础性研究与技术开发，争取更多的低碳项目获得外部资金和先进技术支持。探索与国内外相关城镇、国际组织和研究机构开展合作，建立低碳城镇发展合作机制和低碳城镇联盟。

（四）低碳社区

通过开展低碳社区试点，将低碳理念融入社区规划、建设、管理和居民生活之中，探索有效控制城乡社区碳排放水平的途径，对实现广西控制温室气体排放行动目标、推进生态文明和"美丽广西"建设具有重要意义。

1. 低碳社区试点发展基础

2015 年 12 月，广西确定南宁市、柳州市等 6 个市共 10 个社区为广西第一批"省级低碳社区试点"。其中，省级城市低碳社区试点有 4 个，分别是南宁市青秀区丹凤社区、南宁市青秀区新竹社区、柳州市鱼峰区鱼峰社区、玉林市玉州区江滨社区；省级农村低碳社区试点有 6 个，分别是桂林市全州县天湖社区、桂林市恭城瑶族自治县红岩村、桂林市恭城瑶族自治县黄岭村、钦州市钦南区茅坡社区、河池市屏南乡合寨村、河池市刘三姐镇流河社区。低碳社区试点创建时间为 3 年，从 2016 年 1 月至 2018 年 12 月（见表 6 - 8）。

表 6 - 8　低碳社区试点一览

社区试点	社区名称
省级城市低碳社区试点（4 个）	南宁市青秀区丹凤社区、南宁市青秀区新竹社区、柳州市鱼峰区鱼峰社区、玉林市玉州区江滨社区
省级农村低碳社区试点（6 个）	桂林市全州县天湖社区、桂林市恭城瑶族自治县红岩村、桂林市恭城瑶族自治县黄岭村、钦州市钦南区茅坡社区、河池市屏南乡合寨村、河池市刘三姐镇流河社区

资料来源：《广西壮族自治区发展和改革委员会关于确定第一批"省级低碳社区试点"的通知》，2015 年 12 月。

2. 低碳社区试点重点任务

低碳社区试点要根据实际情况，坚持量力而行、因地制宜、突出特色、注重效果，研究低碳社区碳减排量核算方法，加强对试点工作的指导和监督，总结推广成功经验。坚持从广西经济社会发展实际出发，按照绿色低碳、便捷舒适、生态环保、经济合理、运营高效的要求，坚持规划先行、循序渐进、因地制宜、广泛参与，打造一批符合不同区域特点、不同发展水平、特色鲜明的低碳社区试点，有效控制城乡建设和居民生活领域温室气体排放，为推进生态文明建设、加强和创新社会管理、构建社会主义和谐社会、提高城镇化发展质量做出积极贡献。

一是研究制定社区碳排放核算指南。当前，低碳社区在温室气体核算范围和数据统计上存在差异，进而对社区低碳试点目标的制定和评价造成影响，因此必须明确社区碳排放核算边界、计算方法、监测统计与报告体系。社区的温室气体排放核算是创建低碳社区的重要工作基础，应探索单个社区的低碳发展潜力，比较不同社区之间的低碳发展水平，建立一套科学、标准、可操作的核算方法，为后续低碳社区试点创建工作提供数据支撑和理论基础。

二是扩大省级低碳社区试点规模。国家发展改革委印发的《低碳社区试点建设指南》将低碳社区分为三大类：城市新建社区、城市既有社区和农村社区。广西应在第一批低碳试点社区的基础上，从城市既有社区和农村社区中推选出发展基础好、建设积极性高的社区，加大基础设施投资和社区管理体系、信息服务体系等方面的建设力度，大力开展城市新建社区低碳试点建设，加强对城市新建社区低碳试点申报的指导。

三是完善低碳社区评估指标体系。在已发布的广西低碳社区试点建设评价指标体系的基础上，根据广西低碳社区建设的实际，完善广西城市新建社区试点建设指标体系、广西城市既有社区试点建设指标体系、广西农村社区试点建设指标体系等，建立低碳社区评估指标体系，为低碳社区试点建设情况的评估提供依据。

3. 低碳社区试点保障措施

低碳社区试点以低碳理念统领社区建设全过程，培育低碳文化和低碳生活方式，探索推行低碳化运营管理模式，推广节能建筑和绿色建筑，建设高效低碳的基础设施，营造优美宜居的社区环境。

一是加强组织领导。将低碳社区试点作为生态文明建设、全面深化改革的重要创新举措，列入政府重要工作日程。建立以发展改革部门为主导，财政、规划、市政、交通、住建、环保、园林、农业等各部门协同配合的低碳社区试点建设工作协调机制。将试点建设相关目标任务纳入地方政府工作计划，分解落实目标责任，加强督促检查。

二是完善配套政策。将低碳社区试点建设作为生态文明建设和推进政府管理体制改革的重要创新平台，创新工作思路，整合节能减排、循环经济、科技创新、可再生能源、智慧城市、海绵城市等各项支持政策，对低碳社区试点建设项目予以优先支持，形成政策合力。通过财政补贴、以奖代补、贷款贴息等方式对低碳社区试点建设加大投入力度。

三是健全服务体系。加强低碳技术研发和推广应用，研究建立具有广西特色的低碳社区规划、设计、建设、管理等方面的技术标准和行业规范，加强低碳社区相关技术和产品研发，破解广西低碳社区建设的瓶颈。充分利用多种形式和多个渠道，广泛宣传低碳社区试点建设工作中取得的经验和典型做法，将社区打造为集科普宣传教育、技术产品示范、低碳行为推广等功能于一体的重要展示和体验平台。

（五）低碳农业

低碳农业是全球性生态危机特别是全球气候变暖催生的生态革命的产物。低碳农业要以农业经济系统和生态系统耦合为基础，从依靠化石能源向依靠太阳能等方向转变，追求低耗、低排、低污和碳汇，使低碳生产、安全保障、气候调节、生态涵养、休闲体验和文化传承等多功能特性得到增强，实现经济可持续发展。

1. 低碳农业试点发展基础

1993 年，武鸣县、大化县获评国家首批生态农业试点县。1999 年，广西通过实施生态农业"152 示范工程"，建立起了 100 个生态村、50 个生态乡和 20 个生态县，各生态示范区的生态农业建设初具规模，形成了农村生态能源和生态农业发展的良好态势。2000 年，恭城瑶族自治县、兴业县被评选为第二批国家生态农业示范县。2015 年，广西加强特色农业建设，基本形成了优势特色产业带，建成了 7 个国家现代农业示范区、30 个自治区级现代特色农业（核心）示范区。2016 年，广西推进实施《广西现代特色农业示范区建设（2016～2017 年）行动方案》，加快推进自治区级现代特色农业示范区创建工作，涌现了一批要素集中、产业集聚、技术集成、经营集约的现代特色农业示范区，建成了 34 个自治区级现代特色农业（核心）示范区（见表 6-9）。

表 6-9　国家现代农业示范区及自治区级现代
特色农业（核心）示范区

试点类型	获批年份	获批试点单位
国家现代农业示范区	2010	北海市合浦县国家现代农业示范区
	2012	田东县国家现代农业示范区、兴业县国家现代农业示范区
	2015	武鸣县国家现代农业示范区、横县国家现代农业示范区、全州县国家现代农业示范区、贵港市港北区国家现代农业示范区
自治区级现代特色农业（核心）示范区	2014	南宁市良庆区坛板特色农业（核心）示范区、南宁市隆安县金穗香蕉产业（核心）示范区、南宁市西乡塘美丽南方休闲农业（核心）示范区、崇左市龙州县水隆果蔗产业（核心）示范区、桂林市兴安县灵渠葡萄产业（核心）示范区、柳州市柳江县荷塘月色（核心）示范区、河池市都安县红水河岸火龙果产业（核心）示范区等

续表

试点类型	获批年份	获批试点单位
自治区级现代特色农业（核心）示范区	2015	来宾市华侨投资区金凤凰果蔬产业（核心）示范区、百色市凌云县浪伏小镇白毫茶产业（核心）示范区、广西农垦永新源生猪健康养殖（核心）示范区、南宁市兴宁区十里花卉长廊（核心）示范区、南宁市横县中华茉莉花产业（核心）示范区、柳州市鹿寨县呦呦鹿鸣葡萄产业（核心）示范区、柳州市三江侗族自治县三江茶产业（核心）示范区、桂林市荔浦县桔子红了砂糖桔产业（核心）示范区、桂林市阳朔县百里新村金桔产业（核心）示范区等
	2016	南宁市宾阳县古辣香米产业（核心）示范区、贺州市平桂区姑婆山森林生态文化旅游（核心）示范区、北海市合浦县利添水果产业（核心）示范区、柳州市柳北区兰亭林叙花卉苗木产业（核心）示范区、来宾市兴宾区红河红晚熟柑桔产业（核心）示范区、广西农垦金色阳光甘蔗产业（核心）示范区、南宁市武鸣区伊岭溪谷休闲农业（核心）示范区、玉林市福绵区凤鸣八桂生态养殖（核心）示范区、钦州市浦北县佳荔水果产业（核心）示范区、崇左市大新县德天水果产业（核心）示范区等

资料来源：《农业部关于创建国家现代农业示范区的意见》（农计发〔2009〕33号），2009年11月；《广西壮族自治区人民政府关于认定第五批广西现代特色农业（核心）示范区和第二批广西现代特色农业县级示范区、乡级示范园的决定》（桂政发〔2017〕63号），2017年12月。

2. 低碳农业试点重点任务

低碳农业是指以降低大气温室气体含量为目标，以减少碳排放、增加碳汇和适应变化的科学技术为手段，通过加强基础设施建设、调整产业结构等生产生活方式的转变，实现高效率、低能耗、低排放、高碳汇的农业。要加快编制低碳农业试点建设指南，明确低碳农业试点要求，启动自治区级低碳农业试点申报与建设工作。结合广西实际情况，创建一批自治区级低碳农业试点。实施化肥使用量零增长行动，推广测土配方施肥，减少农田氧化亚氮排放，控制畜禽温室气体排放，推进标准化规模养殖，推进畜禽废弃物综合利用。

一是编制低碳农业试点建设指南。借鉴《国家现代农业示范区认定管理办法》《广西现代特色农业（核心）示范区建设管理暂行办法》《广西现代特色农业（核心）示范区星级评定管理办法》，结合广西实际情况，构建低碳农业评价指标体系。编制低碳农业建设方案，明确低碳农业试点要求以及低碳农业碳排放核算边界、计算方法、监测统计与报告体系。

二是促进农业资源高效利用。大力推广节水、节肥、节药等节本增效技术，减少资源消耗和投入使用量，提高资源利用率和产出率，推动农业由主要依靠物质要素投入的粗放型发展向依靠科技的集约型发展转变，努力走出一条产出高效、产品安全、资源节约、环境友好的现代农业发展之路。推进沼气生态工程建设，控制畜禽温室气体排放，推进标准化规模养殖。加快农业低碳技术研发，建设废弃物处理设施，推进畜禽废弃物综合利用。

3. 低碳农业试点保障措施

低碳农业具有循环农业模式的显著特色，但低碳农业不是技术复制，而是现代新技术、新设备、新工艺以及新产品支撑下的新型农业发展模式。

一是加大政策支持力度。不断加大政府对低碳农业的支持力度，制定发展低碳农业的优惠政策和支持办法，从政策、资金、技术、市场准入、税收等方面对低碳农业切实加以支持。充分发挥农村经济组织在低碳农业发展中的重要作用，积极鼓励经营领域相近或相关的企业、农民组建低碳农业专业合作社。健全低碳农业市场流通体系，推动低碳农业可持续发展，进一步加大信贷支持力度，促进低碳农业发展壮大。

二是加大技术支持力度。技术条件是制约低碳农业发展的首要因素，要进行低碳农业技术的研究和开发，这是低碳农业技术创新的源泉，是低碳农业持续稳定发展的基础。同时，要因地制宜，结合当地农业发展情况，积极创新开发新技术，逐步将低碳农业的科技成果转化为现实生产力。

三是加大人才支持力度。低碳农业是一个全新的理念和发展模式，需要大批高素质的人才去学习并实践。一方面，要加强对农民进行低碳技术的培训，加强低碳农业知识的普及和低碳农业技术的操作指导，使低碳技术得以顺利应用。另一方面，要积极引进一批低碳管理人员和低碳技术人员深入农村，培养和建立一支高水平的低碳农业研究队伍，使这些人员成为低碳农业技术研究和推广应用的骨干，带动农民一起实践低碳农业，形成发展低碳农业的良好氛围。

（六）低碳建筑

低碳建筑是指在建筑材料与设备制造、施工建造和建筑物使用过程中，通过减少化石能源使用、提高能源利用效率、优化建筑设计等，降低二氧化碳排放量。目前，低碳建筑已逐渐成为国际建筑界的主流趋势。

1. 低碳建筑试点发展基础

一是大力推进可再生能源建筑应用。广西大力推进太阳能、浅层地能和生物质能等可再生能源建筑应用，积极开展可再生能源应用示范市、县建设工作。南宁市、柳州市等 7 个设区城市，以及恭城瑶族自治县、灵川县等 10 个县获批为国家可再生能源建筑应用示范市（县），极大地促进了可再生能源在广西建筑领域的规模化应用，为进一步深入推动可再生能源建筑应用工作做出了有益的探索。

二是稳步推进建筑节能改造工作。2015 年 6 月，经财政部批复，百色市、右江民族医学院附属医院等"一市二校三院"被列入国家公共建筑节能改造示范名单，获国家财政资金 6540 万元。在全国获批的公共建筑节能改造试点城市中，百色市是唯一的非省会、非计划单列市试点城市。《广西建筑节能与绿色建筑"十三五"规划》提出，广西将完成既有建筑节能改造 1000 万平方米，其中公共机构公共建筑改造面积为 500 万平方米以上，5 年内公共建筑节能改造争取实现累计节能约 20 万吨标准煤。同时，鼓励支持采取以合同能源管理、能效交易、政府和社会资本合作市场化机制等模式运作的节能改造项目，并制定合同能源管理实施办法，将能源消耗与管理者的利益挂钩。

2. 低碳建筑试点重点任务

随着碳强度控制时代的开启，"现代碳标准"① 概念的诞生，意味着未来社会的经济行为将以低能耗、低排放为衡量标准，而低碳建筑的节能减排特征符合低碳社会的标准。因此，推行低碳建筑将是经济社会发展的必然选择。结合广西实际，必须坚持绿色发展，深入推进生态文明建设，将生态文明理念全面融入城镇化进程，以促进城乡建设模式转型升级和可持续发展为主题，引导广西建设领域树立建筑节能理念。以切实降低建筑实际能耗为目标，大力推动新建建筑节能、绿色建筑建设、既有建筑节能改造、可再生能源建筑应用等工作。

一是规范低碳建筑评估体系。结合广西气候、资源、经济以及社会文化特点，因地制宜制定评价标准。在评价标准的制定上，将低碳理念引入设计规范，坚持强制与指导、理论与实践相结合的原则。规定低碳建筑应达到的总要求，涵盖低碳设计、低碳用能、低碳构造、低碳排放、低碳营运、低碳用材和增加碳汇等方面，提高相关节能技术标准，降低最高能耗标准，合理规划城市功能区布局。

二是加大低碳技术投入。低碳建筑的发展必须以低碳科技创新为起点，仅仅依靠企业自身的融资是不可能实现的，广西要重视低碳技术的研发，并加大政府扶持力度，力求通过技术创新为低碳建筑发展提供动力，以低碳技术带动建筑业结构升级。建筑企业可以通过低碳技术的研发，促进建筑业向"绿色环保型建筑"和"节能省地型建筑"转型，提升建筑业的现代化和可持续发展水平。

---

① "现代碳标准"是一个环保标准词语，由美国国家标准和工艺研究所提出，并于1959年为国际所公认。

　　三是加快绿色生态城区建设。国家绿色生态城区是为了倡导在城市新建城区中因地制宜利用当地可再生能源和资源,在推进绿色建筑规模化发展过程中提出来的概念。广西要加快绿色生态城区建设,推进南宁、柳州、桂林等城市绿色生态城区建设,鼓励有条件的其他城市新建区域按照绿色生态城区指标体系的要求进行规划和建设。发展低能耗、超低能耗等绿色节能建筑,建设一批近零能耗建筑示范工程,发挥建筑能效提升标杆引领作用,形成示范效应。

3. 低碳建筑试点保障措施

　　一是制定优惠政策。只有当开发商、建材制造商在生产和销售低碳建筑方面获得实际收益,低碳建筑才能得到较好的发展。只有当更多的用户去购买并使用节能建筑时,低碳建筑市场才能得到进一步发展。广西应出台对低碳建筑各环节的税收优惠政策,充分调动开发商、建材制造商、消费者等各方的积极性,形成鼓励发展低碳节能建筑的财税政策体系。通过财政拨款、税收优惠等方式,加大低碳材料与技术研发投入,加快新技术与新材料的开发、应用和推广。

　　二是推广节能服务公司模式。推进建筑节能最终要以市场化手段取代行政命令,以此调动企业和金融机构推广节能技术的积极性。节能服务公司模式是一种比较有代表性的模式,该模式能够使用能企业(包括开发商和后期用户)在整个项目实施过程中不需要对项目建设进行投资。同时,由于节能服务公司的收益与节能量直接挂钩,因而有利于节能建筑和技术的推广。为此,广西应出台相关政策措施对节能服务公司模式予以扶持和引导。

　　三是增强全社会低碳建筑意识。通过各种媒体,利用展览会、公益广告、交流研讨、现场会等方式,开展形式多样的建筑节能与绿色建筑宣传活动,以机关办公建筑和大型公共建筑建设强制执行低碳建筑标准为示范,增强全社会低碳节能意识。地方政府可积极与有实力的房地产企业开展合作，将政府在政策推动、引导市场上的优势与房地产企业在资金、技术、人才等方面的优势相结合，试点推出一系列受市场认可的低碳建筑产品。

（七）低碳景区

低碳景区是低碳经济理念下旅游景区发展的一种新模式，通过采用现代信息技术或管理技术，降低景区在经营管理过程中的能耗、污染和碳排放量，从而消除高能耗、高污染和高排放以及游人的非规范行为对景区生态环境的破坏，使景区在充分利用承载能力、扩大旅游规模、提高经济效益的同时，实现长久开发利用与可持续发展。

1. 低碳景区试点发展基础

2017 年广西共有 A 级以上旅游景区 422 家，其中 5A 级景区 5 家、4A 级景区 173 家、3A 级景区 230 家、2A 级景区 14 家，拥有国家级森林公园 27 家，北海滨海国家湿地公园、桂林会仙喀斯特国家湿地公园、横县西津国家湿地公园为广西仅有的 3 家国家级湿地公园。同时，广西拥有桂林漓江、桂平西山、宁明花山 3 个国家级风景名胜区和 30 个自治区级风景名胜区。广西旅游景区在发展过程中始终按照"保护第一、开发第二"的原则，在节能减排、生态复绿、污染治理、资源保护、生态研究等方面做了大量工作，并创新开展生态文明村和景村一体化建设，景区环保设施不断完善，综合实力不断增强，提升了生态服务功能和景观观赏价值。

2. 低碳景区试点重点任务

旅游业已成为世界最大、发展最快的产业之一，具有低能耗、低污染和高效能、高效益等特征的低碳景区经营管理理念，将在今后的旅游业发展中得到推广和应用。低碳景区管理部门应从市场需求出发，重视景区开发的总体规划，完善景区的软硬件设施，实现景区的可持续发展。建立有利于低碳发展的规章、政策、标准、技术规范等体系，不断完善低碳发展政策、低碳技术支撑、低碳发展宣传、碳排放统计核算考核体系，广泛传播低碳发展理念，完成广西低碳景区品牌升级。低碳景区信息支持网络见图 6-3。

图 6-3 低碳景区信息支持网络

一是采用智能监控调度系统。该系统通过利用超高频 RFID 电磁反向散射耦合技术，实现对景区内各通道及景点的车辆、游人的动态与静态信息采集和智能调度。管理者通过广播诱导和现场工作人员引导系统，对景区游客和车辆进行组织协调与指挥调度，使大量游客、车辆行为处于受控有序运动的条件下，实现景区高峰客流的平滑转移与合理分布，从而避免景区承载能力分布结构性不足导致的游客拥挤、车辆堵塞、景区植被被践踏损伤、景区生态环境遭到破坏、安全隐患突出等问题，实现均衡利用各景点的接待能力和景区的空间维度，直接降低景区的碳排放量，保护景区生态环境。

二是强化智能导览系统。在景区引入智能导览系统，采用便携式智能识读机，对从非接触式射频卡内读取的 ID 号进行信息处理后，就能自动播报各景点的语音信息，进行语音导览。游客还可以通过智能识读机上的语言切换键，实现多种语言的播报，从而满足不同国籍游客的需求。同时，通过显示参观者的基本位置信息，提示并辅助管理人员疏导游客。这种智能导览系统可以通过 USB 与电脑连接，更新系统中的语音数据并对系统进行充电，不仅能够为景区节省人力导游成本，解决小语种导游人才匮乏问题，而且能够赋予游客更大的自由度，还可以及时发现并制止危害景区生态环境的行为（见图 6 - 4）。

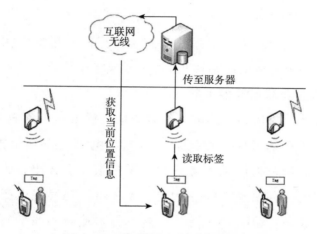

图 6 - 4　旅游景区智能导览系统

3. 低碳景区试点保障措施

智能化低碳景区将产生显著的示范效应，并形成源头创新的信息技术管理平台，极大地提高景区服务的质量和效率，降低景区的能源消耗和碳排放量，从而有效解决低碳景区建设的重点和难点问题。

一是完善组织架构。低碳景区建设是一个持续的发展过程，需要投入大量的人力、物力、财力。为了保证这项系统工程的合理规划和稳步实施，必须在统一领导下，采取一系列有效的措施，并在相关管理部门的协助下才能完成。因此，在低碳景区建设和运营过程中，要明确规定景区管理部门的职责，各个部门各司其职并相互协作、相互监督，最终实现景区和城市的协调发展。

二是强化制度建设。在低碳景区建设中，必须重视制度建设，通过一系列制度及标准规范的建设来保障系统的正常运营和持续发展。国家旅游局、建设部等行业主管部门对智慧景区建设均颁布了一系列具有针对性的政策法规和指导规范，这些法规和规范将成为广西低碳景区建设的重要参考和遵循依据。同时，低碳景区也应制定适合自身发展的管理制度，作为其保障体系的重要组成部分。

（八）低碳企业

低碳企业是指一个企业系统只有很少或没有温室气体排出到大气层，或指一个企业的碳足迹①接近于零或等于零。

1. 低碳企业试点发展基础

温室气体排放量的持续增加，对全球气候变化的影响日益加剧，发展低碳企业逐渐成为一种潮流和导向。由《经济观察报》主办、中欧国际工商学院提供学术支持的一项权威评选指出，企业要应对各种环境问题，必须始终坚持低碳企业战略，把发展生产和保护环境有机统一起来。2010 年 7 月，广西丰林木业集团股份有限公司荣获 "2009～2010 年度中国最佳低碳企业" 称号，成为 20 强中唯一的林业企业。2016 年，桂林市制定了低碳试点示范管理办法并构建了评价指标体系，积极开展低碳企业、低碳公共建筑等多层次的低碳试点示范，探索低碳企业转型的新路径。

2. 低碳企业试点重点任务

低碳企业发展已经被提上重要议程，迫切需要对企业生产经营过程中对环境的影响进行计量，全方位对企业的发展能力及社会责

---

① 碳足迹也称碳足印，是指每个人、每个家庭或每家公司日常释放的温室气体数量（以二氧化碳的影响为单位），用以衡量人类活动对环境的影响。

任进行考量，在督促企业低能耗、低排放生产的同时，也要完善企业在低碳经济环境下的内部会计核算体系。广西要完善企业碳排放的统计、监测、报告和核查体系，加强企业碳管理能力建设，增强企业低碳生产意识，鼓励支持企业参加碳排放交易试点，建立碳排放总量控制和排放权有偿获取与交易的市场机制。低碳企业发展体系见图6-5。

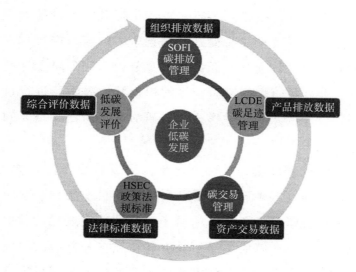

图6-5　低碳企业发展体系

一是构建企业碳排放核算体系。碳排放核算体系包括碳排放量控制体系、碳排放单位成本的确定、碳交易体系。碳排放成本的准确计量是核算碳成本的关键。碳排放成本等于碳排放量与碳排放单位成本之乘积，因此应制定碳排放单位成本的统一标准。初期可由政府负责碳审核工作，主要包括低碳经济政策的制定与实施、碳审计的执行、碳排放量的监督等内容。

二是引入环境奖惩机制。企业作为低碳经济的主体，在发展经济的过程中同时负有环保责任。如果企业超标排放废气废物，就会对环境造成严重的污染，影响低碳目标的实现。因此，必须引入环境奖惩机制，约束企业的碳排放行为，可以实施具有市场激励作用的税务机制，也可以给予企业补贴，还可以在税务上提供一些优惠政策，鼓励企业发展低碳经济，保护生态环境。

3. 低碳企业试点保障措施

企业必须加强碳排放管理，才能熟知生产经营中环境成本与环境效益之间的互动机理，进而制定科学可行的低碳发展规划，最终促进广西低碳经济发展目标早日实现。

一是加大低碳科技投入。应把可再生能源、先进核能、碳捕集和封存等先进低碳技术作为提升技术竞争力的核心内容列入广西科技发展规划，通过鼓励全社会参与资源节约型和环境友好型社会建设，调动企业、科研机构、高校等的积极性，鼓励其进行自主研发和加强国际合作，开展多种形式的科研活动，为低碳企业的发展提供强有力的技术支持。

二是给予低碳企业补贴。企业是低碳发展建设的主要参与者，没有企业的参与，低碳发展建设的目标就不可能实现。政府是低碳发展建设的主要倡导者，政府应给予参与低碳发展建设的低碳企业相应补贴。例如，在政府主导下设立碳排放信托基金。政府拿出专项资金用于支持企业研究开发低碳技术、改造工艺流程和设备、购买低碳技术和设备，以提高能源资源利用效率，降低污染和碳排放量。

（九）低碳校园

建设低碳校园有利于增强学生的低碳环保意识和可持续发展意识，提高学校竞争力。在低碳经济发展的大背景下，必须加快推行低碳校园试点建设，为低碳经济发展和应对气候变化夯实"人本基础"。

1. 低碳校园试点发展基础

2017 年，广西常住人口为 4885 万人，其中在校生和教师为 1000 万人左右，约占常住人口的 20%。自 2001 年起，广西环境保护厅联合自治区精神文明建设委员会办公室、教育厅、团区委等部

门开展了绿色校园评选工作，截至 2017 年底，广西共评选出 6 批
"绿色学校、幼儿园"、14 所"绿色大学"。"绿色学校、幼儿园"
"绿色大学""国际生态学校"的建设为低碳校园建设提供了经验。
低碳校园建设管理策略见图 6-6。

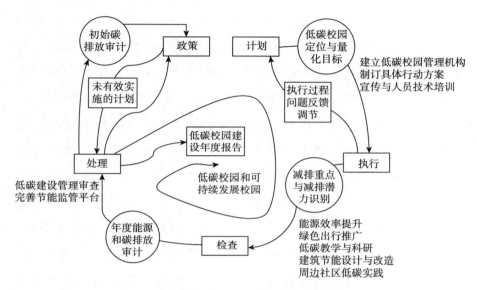

图 6-6　低碳校园建设管理策略

2. 低碳校园试点重点任务

推进低碳校园试点建设在促进全社会低碳经济发展、学校自身
发展方式转变等方面具有重要意义。要结合广西实际，借鉴绿色校
园建设经验，建设以人为本、安全舒适、资源高效利用的低碳校园。
编制低碳校园碳排放量核算指南，构建低碳校园评价指标体系，启
动低碳校园申报评审工作，最终建立以低能耗、低污染、低排放、
高效能、高效率、高效益为主要特征的学校运行和管理模式。到
2020 年，广西开展低碳校园试点争取达到 40 个左右。

一是编制低碳校园碳排放量核算指南。明确校园中碳排放核算
边界、计算方法、监测统计与报告体系，集成已有的城市和校园碳
排放量核算方法，建立校园碳排放清单核算方法，将量化研究与管

理体系有机结合，不仅能够了解校园内碳排放状况，而且是维持低碳校园建设管理体系有效运行和持续改进的有效手段。

二是构建低碳校园评价指标体系。低碳校园评价指标体系是对低碳校园发展程度的客观评价与反映，应在《绿色校园评价标准》（CSUS/GBC04—2013）等标准的基础上，结合广西实际，因地制宜，构建科学合理的低碳校园评价指标体系。评价指标体系的设计要充分反映和体现低碳校园的实质，既要对发展现状进行评价，又能科学概括低碳校园的基本特点。评价指标体系作为一个整体体系，应该比较全面地反映低碳校园发展的具体特征，反映校园文化、校园产业、政策法律、科学技术发展的主要特点及动态变化情况，为科学的发展决策提供客观依据。

三是加强可再生能源开发利用。在学生宿舍、校园食堂的改造和新建中，采暖、制冷、电力等方面的能源使用可以考虑太阳能、地热能等可再生能源。应积极采取节水措施，建设校内"立体化"节水系统，通过改造用水设施、利用节水型设备进行绿化浇灌等措施，加强对节水工作的日常管理，建成以中水站为龙头的"立体化"节水系统。建筑物公共区域采用人体感应控制照明设备，实现人走灯熄。

四是开展自治区级低碳校园试点申报和建设工作。综合考虑不同类型学校特点，将低碳校园划分为中小学、大学（包括高职高专）两种类型，探索不同类型学校低碳建设模式。强化节水节电意识，推进立体绿化改造，重视垃圾分类回收。加强低碳制度管理，鼓励低碳教学课程设计和低碳文化建设。培育和树立一批低碳校园试点创新应用的示范典型，通过先行先试，为后期全面建设形成可总结、可推广的经验，以点带面，推动全区低碳校园迈上新台阶。

3. 低碳校园试点保障措施

低碳校园的建设有助于培养学生的低碳消费意识，有助于向社会传播低碳生活理念，有助于为低碳技术的开发和低碳理论的探讨营造良好的氛围。

一是加大资金投入，保障项目运行。设立低碳校园试点建设专项资金，用于低碳校园试点的建设。通过财政补贴、以奖代补、贷款贴息等形式为低碳校园试点建设项目的顺利推进提供保障。加大对低碳技术创新、推广、应用的资金投入，并通过财政补贴来促进低碳校园建设。

二是搭建监管平台，完善管理制度。首先，应构建有效的建设审查评估和管理监管体系，完善各种节约管理制度，为低碳校园建设提供制度保障。对校园所有建筑、设施及设备在使用过程中所消耗的能源进行统计。其次，应积极引导和大力推进相关二级单位用能管理体制改革，通过经济杠杆对水电使用进行调节，逐步建立"谁使用、谁管理"的自我管理、自我约束的用水用电机制。

三是发挥教学优势，促进集体参与。倡导低碳生活就是节约资源能源、减少碳排放、保护环境的行动，就是对国家发展与人类前景负责任的文明表现，就是建设低碳校园的真实行动。开设"低碳经济"课程，将低碳教育引入课堂教学，并有意识地将节约教育、环境教育与低碳教育联系起来，向学生普及低碳常识。同时，开展"低碳宿舍""低碳班级""低碳教室"等创建活动，使学生在活动中加深对低碳的认识，将低碳理念融入生活。充分发挥学生环保社团在传播低碳理念、践行低碳生活中的作用。

第二节　广西参与全国碳排放权交易
市场建设的对策建议

党中央、国务院十分重视碳排放权交易市场建设。《中共中央国务院关于加快推进生态文明建设的意见》《生态文明体制改革总体方案》等均对开展和深化碳排放权交易试点、建设全国碳排放权交易体系提出要求，党的十八届五中全会明确要求在我国推行碳排放权初始分配制度。2015 年 9 月，习近平主席和奥巴马总统会见并签署《中美元首气候变化联合声明》，宣布我国计划于 2017 年启动全国碳排放权交易体系；同年 12 月，习近平主席在巴黎气候大会上的讲话再次重申我国将建立全国碳排放权交易市场。党的十九大报告明确提出各级政府、企业应主动采取节能减排、发展可再生能源、增加森林碳汇、建立全国碳排放权交易市场和推进气候变化立法等一系列措施。全国碳排放权交易市场建设主要包括以下几个方面，即建设以《全国碳排放权交易管理条例》为基础的政策法规体系，建设以碳排放数据报送系统、碳排放权注册登记系统、碳排放权交易系统和碳排放权结算系统等为主的支撑体系，建设以排放核算报告和核查制度、排放配额分配制度、碳交易监督管理制度为主的制度体系，并明确交易主体、交易产品和交易平台。

一　碳排放权交易市场建设的重要意义

全国碳排放权交易市场建设是生态文明建设的重要内容，是我国引领全球气候治理、破解能源环境约束、实现社会经济提质增效和绿色低碳发展双赢的重要举措。应不断完善碳交易制度要素与支撑体系建设，持续开展能力建设，最终建成具有统一的排放核算报告和核查规范、统一的排放配额分配方法、统一的排放配额注册登记系统和交易平台、统一的碳排放权履约规则、统一的交易监督管理机制的切实可行、行之有效的全国碳排放权交易市场。

一是碳排放权交易市场建设是国家应对气候变化工作的要求。建立全国统一的碳排放权交易市场是中国应对气候变化的一项重大体制创新，党中央、国务院对建立全国碳排放权交易市场高度重视，党的十八届三中全会和五中全会以及《生态文明体制改革总体方案》

等重要文件都提出了明确要求。广西必须按照国家的要求在有限的时间内抓紧做好各项基础工作，确保全国碳排放权交易市场的顺利启动，推动运用市场机制，实现我国在国家自主决定贡献中提出的二氧化碳排放量在 2030 年之后达到峰值的目标。

二是碳排放权交易市场建设是绿水青山变成金山银山的助推器。习近平总书记一直十分重视生态环境保护，党的十八大以来多次对生态文明建设做出重要指示，在不同场合反复强调"绿水青山就是金山银山"。而全国碳排放权交易市场首期纳入的正是电力、钢铁、有色金属、水泥、化工等去产能、去库存任务重的高耗能、高排放产业，目的就是通过碳排放权交易市场以控制碳排放为约束手段，倒逼企业转型升级，引导企业投资方向，加快产业结构调整，积极稳妥化解落后产能，同时推动发展低碳服务产业，协同治理大气污染，引领经济发展的新常态。因此，推进碳排放权交易市场建设对加快实现绿水青山变成金山银山具有重大意义。

三是碳排放权交易市场建设是运用市场机制控制温室气体排放的有效手段。根据《广西温室气体清单》报告的结果，广西温室气体排放总量逐年增加，已经成为实现可持续发展、推进生态文明建设的重要挑战。随着技术改造瓶颈的凸显，单纯依靠技术手段推进节能减排降碳的效果十分有限，建立碳排放权交易市场、实施碳排放权交易制度，可以体现碳排放空间的资源属性，有效发挥市场机制在资源配置中的决定性作用，降低全社会减排成本，形成强有力的倒逼机制。明确企业的碳减排目标，促使企业加强碳排放管理，加快低碳技术创新和应用，增强行业节能减碳意识，从而建立长效、低成本的节能减碳政策体系。

四是碳排放权交易市场建设有利于促进产业结构调整。碳排放权交易市场建设的目的是通过市场化手段倒逼企业进行绿色技术创新，调整能源结构和产业结构，最终实现能源结构和产业结构的优化升级，对广西经济结构调整、去产能、补短板具有重要的战略意义。当碳交易的收益大于低碳技术改造成本或低碳产业投资时，自然会有更多的资本流向低碳技术的研发和应用领域，以及以低碳技术为基础的产业。废气、废水和固体废弃物排放量较大的企业的生存空间将被大大压缩，而建立在核能、风能、太阳能、水力发电和新能源基础之上的关联产业将日益成长壮大，地区产业结构逐渐朝低碳化、清洁化方向发展，这将是围绕低碳发展进行产业结构调整的重点，也是广西产业结构调整的新常态。

五是碳排放权交易市场建设是加快绿色循环经济发展的迫切要求。从广西经济发展阶段来看，目前正处于新型工业化提质升级和新型城镇化加快推进的关键阶段，经济社会发展对能源消费将产生巨大需求，能源消费需求总量仍将保持增长趋势，节能降碳压力依然很大。通过参与全国碳排放权交易市场建设，发挥应对气候变化工作对节能、非化石能源发展、环境保护和防灾减灾等工作的引领作用，是推动实现绿色低碳循环发展的迫切要求。

二 碳排放权交易市场建设的核心内容及特点

"十二五"以来，我国政府加快碳排放权交易市场建设步伐，自2013 年 6 月开始，先后启动 7 个碳排放权交易试点，目前碳排放权交易试点建设取得了较好的发展基础，具有鲜明的发展特色。

一是稳步推进，分阶段启动全国碳排放权交易市场建设。我国碳排放权交易市场建设分为三个阶段：2014 ~ 2016 年为前期准备阶段，完成碳排放权交易市场基础建设工作；2017 ~ 2020 年为运行完善阶段，实施碳排放权交易，调整和完善交易制度，实现市场稳定运行；2020 年之后为稳定深化阶段，进一步扩大覆盖范围，完善规则体系，并探索和研究与国际碳排放权交易市场连接问题。

二是完善机构，确保交易试点运行客观独立。在试点地区，各试点地区发改委是碳排放权交易的主管部门，负责碳排放权交易相关工作的组织实施、综合协调与监督管理。同时，各试点通过碳排放权交易所或环境交易所，制定交易规则并建立交易系统，为交易提供统一平台。核查机构出资方式分为政府出资和企业出资两种，大部分通过政府出资，为企业分配相应的核查机构。市场监管仍由各试点地区发改委负责，未来国家将在相关部委设立专门的碳排放权交易市场监管机构，以履行专业化的监管职能。我国碳排放权主要交易平台见表6-10。

表6-10 我国碳排放权主要交易平台

试点	主管部门	交易平台	核查机构数量（家）	市场监管机构
深圳	地方发改委	深圳排放权交易所	21（企业出资自主选择）	地方发改委
上海		上海环境能源交易所	10（政府出资分配）	
北京		北京环境交易所	19（2014年政府出资；2015年企业自费自主选择）	
广东		广州碳排放权交易所	16（政府出资分配）	
天津		天津排放权交易所	4（政府出资分配）	
湖北		湖北碳排放权交易所	3（政府出资分配）	
重庆		重庆碳排放权交易所	11（政府出资分配）	

资料来源：广州绿石碳资产管理有限公司：《中国碳市场分析2014》，2014。

三是规范标准，确定不同区域和行业门槛数量。试点地区结合各自产业结构特征、行政成本和市场活跃度综合选择纳入门槛和行业，试点地区碳排放量占当地全社会碳排放量的比例为35%~60%（见表6-11）。在行业覆盖范围上，各试点的覆盖范围与其经济结构一致，并综合考虑排放量大、减排潜力大、企业规模大、数据基础好等因素。各试点覆盖的行业基本上是高能耗、高排放的传统企业，主要包括电力、热力、钢铁、水泥、石油、化工、制造等行业。同时，各试点的覆盖行业也体现出显著区别。

表 6 -11　我国碳排放权交易试点纳入门槛和数量

试点	纳入门槛	控排主体数量（家）	试点地区碳排放量占比（%）
北京	年排放量 >1 万吨二氧化碳当量	415（2013 年） 543（2014 年）	40
天津	年排放量 >2 万吨二氧化碳当量	114	60
上海	工业：年排放量 >2 万吨二氧化碳当量 非工业：年排放量 >1 万吨二氧化碳当量	191	50
湖北	能源消耗量 >6 万吨标准煤当量	138	35
广东	年排放量 >2 万吨二氧化碳当量或 能源消耗量 >1 万吨标准煤当量	184（2013 年） 190（2014 年）	55
重庆	年排放量 >2 万吨二氧化碳当量	242	40
深圳	工业：年排放量 >3000 吨二氧化碳当量 公共建筑面积：>20000 平方米 机关建筑面积：>10000 平方米	工业：635 建筑：197 共计：832	40

资料来源：国家信息中心经济预测部，《全国碳排放权交易试点城市发展情况分析》，2017。

三　广西参与全国碳排放权交易市场建设的新进展与新问题

目前来看，广西在参与全国碳排放权交易市场建设方面已经做了一些基础性工作，为下一步开展交易奠定了良好的基础，但也面临诸多困难和挑战。

一是积极开展碳排放权交易市场建设前期调查。其一是重视碳排放权交易市场省级层面配套制度及基础研究。组织开展了"广西重点排放企业配额分配""广西参与全国碳排放权交易市场相关法规配套细则"等研究工作，进一步补充完善"广西重点企业温室气体排放报告及核查系统平台"，2016 年按照国家部署完成了企业温室气体排放在线报告平台建设，广西碳排放第三方核查备案机构遴选，上报拟纳入全国碳排放权交易体系的重点排放企业名单，组织拟纳入企业填报 2013 ~2015 年碳排放报告，对拟纳入企业的历史碳排放进行核算、报告与核查并上报，以及组织开展能力建设等工作。其二是积极落实保障经费。在年度预算总框架下，以三年滚动预算项目的方式部分落实年度碳排放权交易市场建设工作经费，基本做到有机构管理、有专人做事、有经费开展日常履职工作。其三是根据《国家发展改革委关于印发〈全国碳排放权交易市场建设方案（发电行业）〉的通知》《国家发展改革委办公厅关于做好2016、2017年度碳排放报告与核查及排放监测计划制定工作的通知》工作部署，开展企业碳排放报告相关工作。

二是不断加大碳排放权交易市场建设培训和宣传力度。广西积极推进碳排放权交易市场建设培训和宣传，针对行业部门负责人、企业管理者、企业碳资产管理人员等不同对象举办了多期与碳排放权交易市场建设相关的专题培训，积极通过"全国低碳日"广西主题活动等方式加强宣传引导，依托自主开发的广西温室气体排放报告填报系统，组织广西重点行业、企业开展历史碳排放数据报送，向社会公开征选了20家碳排放第三方核查备选机构，并积极申请财政专项资金，为全面融入全国碳排放权交易市场建设夯实了基础。

三是碳排放权交易市场建设仍存在突出困难和问题。其一是组织管理体系不完善。碳排放权交易市场建设是一项综合性工作，涉及多个部门，从试点省份碳排放权交易市场建设的经验来看，完善的体制机制和有序的组织管理是碳排放权交易市场建设的有力保证，广西尚未成立碳排放权交易专责协调领导小组，没有形成有效的组织管理体系，严重制约了广西参与碳排放权交易市场建设的进度安排。其二是政策法规体系不完善。目前，广西关于碳排放权交易市场建设的制度体系还不完善，难以形成规范化管理。如企业的历史排放报告工作没有文件制度依据，在工作的推动过程中遇到了较大困难，企业存在不报、漏报、错报等情况，导致企业的碳排放报告工作历时过长。其三是能力建设体系不完善。能力建设是碳排放权交易市场建设工作顺利开展的保障，自2016年1月至今，广西针对行政管理部门、拟纳入碳排放权交易的企业和第三方核查机构开展了7次培训，培训范围和专题与碳排放权交易市场建设体系相比仍有较大的差距。同时，广西参与碳排放权交易市场建设的支撑机构缺乏完善的运行机制和资金保障。其四是信息支撑体系不完善。信息支撑是碳排放权交易市场顺利运行的关键。广西仅初步建立了温室气体清单统计系统、企业温室气体排放在线系统，尚不足以支撑碳排放权交易市场建设。

四 广西参与全国碳排放权交易市场建设的对策建议

一是建立健全组织管理体系。在广西应对气候变化及节能减排工作领导小组的基础上，增设碳排放权交易专责协调领导小组，建立碳排放权交易工作联席会议制度与多部门协同工作机制，明确各小组成员单位的任务分工和时间进度安排。碳排放权交易专责协调领导小组下设工作小组，负责推进落实碳排放权交易各项具体工作。各地要逐步设立碳排放权交易专责协调领导小组，地市主管部门要明确专人负责相关工作，做好工作部署、衔接协调和监督管理。设立配额分配评审委员会、行业配额技术评估小组等机构，为广西碳排放权交易工作提供智力支撑。

二是完善碳排放权交易市场政策体系。紧密对接国家建立碳排放权交易市场的时间节点、步骤和有关政策法规，研究制定广西碳排放权管理和交易的总纲性文件、统筹管理文件及实操性文件，完善碳排放权交易市场的政策体系。开展"碳排放管理办法实施细则""碳排放配额分配和管理实施细则""碳排放权配额分配方案""企业碳排放报告与核查实施细则""企业碳排放核查规范"等研究，按照国家的具体要求，适时制定相应的政策。

三是加强碳排放权交易市场能力建设。开展碳排放权交易市场能力建设重点培训工作，并形成"走进地市""走进企业"等常规碳交易培训活动，组织相关部门、控排企业、核查机构、交易从业人员等开展各类专题培训。加强专业技术支撑机构、第三方核查机构、本地投资机构、碳资产管理机构等专业机构与队伍建设。完善低碳宏观工作支撑、碳排放监管支撑和碳交易支撑等信息支撑体系，实现应对气候变化统计系统与温室气体排放综合性数据库及管理平台的对接、企业排放报告与核查信息的对接、地方信息支撑体系与国家支撑体系的对接等目标。

四是加大宣传引导力度。做好碳排放权交易市场建设相关政策解读，加大对社会、企业的宣传引导力度，为碳排放权交易市场正式启动营造良好氛围。相关政府宣传部门要持续加大对与低碳生活、碳排放权交易市场建设相关的舆论引导力度，进一步提高社会、地方政府、职能部门及重点企业等市场相关方对碳排放权交易市场建设工作重要意义的认识。进一步加强与相关碳排放权交易市场建设试点省份的沟通协调，充分听取相关意见和建议，为广西参与碳排放权交易市场建设奠定良好基础。

专栏 6-1　全国碳排权放交易市场建设导向：以发电行业为例

总体方向。坚持将碳排放权交易市场作为控制温室气体排放政策工具的工作定位，以发电行业为突破口，率先启动全国碳排放权交易体系，培育市场主体，加强市场监管，逐步扩大市场覆盖范围，丰富交易品种和交易方式。逐步建立起归属清晰、保护严格、流转顺畅、监管有效、公开透明、具有国际影响力的碳排放权交易市场。配额总量适度从紧、价格合理适中，有效激发企业减排潜力，推动企业转型升级，实现控制温室气体排放目标。

目标任务。分三个阶段稳步推进碳排放权交易市场建设工作。①基础建设期。用1年左右的时间，完成全国统一的数据报送系统、注册登记系统和交易系统建设。深入开展能力建设，提升各类主体的参与能力和管理水平。开展碳排放权交易市场管理制度建设。②模拟运行期。用1年左右的时间，开展发电行业配额模拟交易，全面检验市场各要素环节的有效性和可靠性，强化市场风险预警与防控机制，完善碳排放权交易市场管理制度和支撑体系。③深化完善期。在发电行业交易主体间开展配额现货交易。交易仅以履约（履行减排义务）为目的，履约部分的配额予以注销，剩余配额可跨履约期转让、交易。在发电行业碳排放权交易市场稳定运行的前提下，逐步扩大市场覆盖范围，丰富交易品种和交易方式。创造条件，尽早将国家核证自愿减排量纳入全国碳排放权交易市场。

续表

市场要素。①交易主体。初期交易主体为发电行业重点排放单位。②交易产品。初期交易产品为配额现货，条件成熟后增加符合交易规则的国家核证自愿减排量及其他交易产品。③交易平台。建立全国统一、互联互通、监管严格的碳排放权交易系统，并纳入全国公共资源交易平台体系管理。 参与主体。参与主体包括重点排放单位、监管机构、核查机构。 制度建设。①碳排放监测、报告与核查制度。国务院发展改革部门会同相关行业主管部门制定企业排放报告管理办法，完善企业温室气体核算报告指南与技术规范。各省级、计划单列市应对气候变化主管部门组织开展数据审定和报送工作。重点排放单位应按规定及时报告碳排放数据。重点排放单位和核查机构须对数据的真实性、准确性和完整性负责。②重点排放单位配额管理制度。国务院发展改革部门负责制定配额分配标准和办法。各省级及计划单列市应对气候变化主管部门按照标准和办法向辖区内的重点排放单位分配配额。重点排放单位应当采取有效措施控制碳排放，并按实际排放清缴（“清缴”是指清理应缴未缴配额的过程）配额。省级及计划单列市应对气候变化主管部门负责监督清缴，对逾期或不足额清缴的重点排放单位依法依规予以处罚，并将相关信息纳入全国信用信息共享平台实施联合惩戒。③市场交易相关制度。国务院发展改革部门会同相关部门制定碳排放权交易市场管理办法，对交易主体、交易方式、交易行为以及市场监管等进行规定，构建能够反映供需关系、减排成本等因素的价格形成机制，建立有效防范价格异常波动的调节机制和防止市场操纵的风险防控机制，确保市场要素完整、公开透明、运行有序。 发电行业配额管理。①配额分配。发电行业配额按国务院发展改革部门会同能源部门制定的分配标准和方法进行分配（发电行业配额分配标准和方法另行制定）。②配额清缴。发电行业重点排放单位需按年向所在省级、计划单列市应对气候变化主管部门提交与其当年实际碳排放量相等的配额，以完成其减排义务。其富余配额可向市场出售，不足部分需通过市场购买。 支撑系统。支撑系统包括重点排放单位碳排放数据报送系统、碳排放权注册登记系统、碳排放权交易系统、碳排放权结算系统。

资料来源：《国家发展改革委关于印发〈全国碳排放权交易市场建设方案（发电行业）〉的通知》（发改气候规〔2017〕2191 号），2017 年 12 月。

第三节　气候适应型城市试点建设思路

——以百色市为例

气候适应型城市建设工作意义重大，对城市能源、交通、通信等基础设施安全和人民生产生活具有深远影响，事关一个城市的可持续发展和全面小康社会的建成。本部分重点针对百色市①在气候适应型城市建设方面的基础环境、面临问题及应对举措进行详细研究。

一 气候变化对百色市的影响

随着百色市新型城镇化建设的推进，城区不断扩建和新建，新型城镇化建设使城市下垫面环境发生改变，推动城市局部气候变化，"城市热岛"现象日益严重，气候变化对城市经济社会产生了日益复杂的影响，并引起人口、居住、交通、能源、环境等一系列问题，对居住环境、城市设施、石漠化地区、生态系统、水资源、农业等均产生了深远的影响。

（一）人居环境适宜性减弱

随着全球气温的升高，极端天气出现频率大幅提升，城市高温热浪、干旱、强降雨天气灾害频发，户外工作者高温工作压力大，中暑、热辐射病等高温导致的病例增多。2015 年，百色市高温天气导致的中暑病例多达 221 例。同时，干旱少雨天数大幅增加，小流域断流等情况严重，多数水库、山塘干涸，地表水资源渐趋匮乏，百色市因灾饮水困难并需要政府送水的群众超过 9 万人。强降雨天气容易导致山洪暴发，引发洪涝灾害，常常导致大批山区群众受灾，冲毁房屋、田地、道路和桥梁，威胁城镇、交通干道和通信干线安全，给人民群众生命财产造成了巨大损失。

（二）损毁城乡基础设施

随着气候变化的影响日益深远，极端天气出现频率增大，百色市强降水、强对流、低温冰冻天气增多，对城市基础设施建设造成恶劣影响。如 2012 年 5 月，受高空槽东移和低层低涡切变线的影响，百色市各地出现连续暴雨、局部大暴雨、特大暴雨。凌云县受

---

① 百色市是广西唯一一个被纳入全国气候适应型城市试点建设的城市。

灾最为严重，多个水库、电站受灾，多条县乡公路、通村公路出现路基损毁，塌方现象严重，暴雨冲坏桥梁、涵洞、公路挡墙等设施，强降雨还导致部分乡镇、村屯发生洪涝灾害，使铁路堑坡坍塌、滑坡落石、铁轨被掩盖。引起部分农作物受灾，房屋倒塌、损坏，导致市政排水管网设施生锈。同时，强对流天气增多，对城市交通系统产生较大干扰，导致车速受限、交通流量减少。雷暴天气则容易对铁路通信信号产生重大影响，甚至使铁路运行系统瘫痪。

（三）影响石漠化地区生态安全

气候变化加快了水循环过程，导致空间降水量更加不均匀，气温升高，蒸发量增加，更易发生旱灾。百色市多数地区属于大石山区，石漠化现象严重，而旱涝灾害的发生加剧了石漠化地区生态环境的脆弱性，危岩崩塌现象时有发生，碎屑岩分布区域岩体风化加剧，受降雨影响，易导致山体滑坡、崩塌、泥石流等地质灾害。百色市石漠化地区多为岩溶地貌，防洪排涝自然基础不佳，排水功能较弱，极端降水天气导致洪涝灾害频发，排水通道淤塞，流域性洪水和特大山洪发生概率增大，给抗洪排涝带来不小的压力。同时，受极端天气影响，石漠化地区植被自然恢复能力减弱，自然植被生态系统功能受到影响，不利于生态恢复。

（四）破坏森林生态系统稳定

气候变化对森林生态系统的影响是全方位的，对森林生态系统的恢复和重建带来较多不利影响，容易引起森林生态系统内部结构、功能、生产力的退化（见图6-7）。极端天气事件的发生导致森林灾害发生的强度提高、频率增大，对森林生态系统安全造成严重威胁。气候变化通过影响温度、湿度、降水量及生长季节等因素，进而影响森林为人类社会提供产品和服务的功能。极端天气的增多容易导致森林火灾频发，珍贵树种分布区和野生动物栖息地面积缩小，严重威胁森林生物多样性。近年来，台风、冰冻等自然灾害对百色市林业发展带来极大威胁。如 2014 年强台风"威尔逊"导致全市森林受灾面积增加，平果市、隆林各族自治县、西林县、市直老山和百林等多处林场受灾，受灾总面积超过 4000 亩。"十二五"期间累计发生森林火灾 424 起，火场总面积为 75125 亩，受灾面积为 13958 亩，极端天气的增多给对森林生态系统安全带来了严峻挑战。

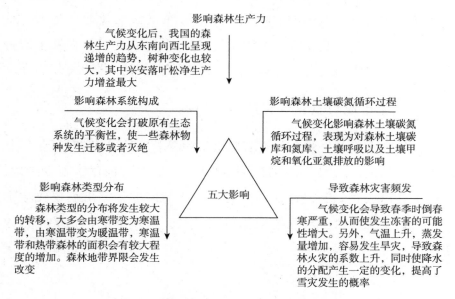

影响森林生产力
气候变化后，我国的森林生产力从东南向西北呈现递增的趋势，树种变化也较大，其中兴安落叶松净生产力增益最大

影响森林系统构成
气候变化会打破原有生态系统的平衡性，使一些森林物种发生迁移或者灭绝

影响森林土壤碳氮循环过程
气候变化影响森林土壤碳氮循环过程，表现为对森林土壤碳库和氮库、土壤呼吸以及土壤甲烷和氧化亚氮排放的影响

五大影响

影响森林类型分布
森林类型的分布将发生较大的转移，大多会由寒带变为寒温带，由寒温带变为暖温带，寒温带和热带森林的面积会有较大程度的增加。森林地带界限会发生改变

导致森林灾害频发
气候变化会导致春季时倒春寒严重，从而使发生冻害的可能性增大。另外，气温上升，蒸发量增加，容易发生旱灾，导致森林火灾的系数上升，同时使降水的分配产生一定的变化，提高了雪灾发生的概率

图 6-7 气候变化对森林生态系统的影响

（五）加剧水资源分布不均衡

气候变暖加速水循环过程，导致降水量空间分布更为不均，旱涝灾害发生概率提高，气候变暖更是加剧了水汽蒸发。近年来，百色市空间降水分布严重不均，旱涝灾害频繁发生，短时间的特大暴雨容易导致山洪暴发，威胁山区群众的人身和财产安全。除西林县以外，百色市其他县（市、区）均发生过不同程度的干旱，部分地区出现严重的人畜饮水困难，农作物受灾减产严重。气温上升对百色市动植物生存的适应性带来了不小的挑战，导致水温上升，促使水下藻类生长，降低了水中溶解氧的水平，进一步影响了河流和湖

泊悬浮物、营养物、化学污染物的浓度。气候变化还会加剧石漠化地区地表水量蒸发，引起河流径流量下降和湖泊水域面积减少。

（六）增加农业生产损失

农业生产与气候变化关系密切，气候变化对农业产生显著影响，会增大农业生产的不确定性，导致农产品生产的不稳定性提高，产量波动增大，极大地影响农业生产布局。在气候变暖的背景下，百色市极端天气事件造成农业生产损失增加，如 2010 年春季发生的特大旱灾，使农作物受灾面积达到 251 万亩，直接经济损失近 6 亿元。

二 城市应对气候变化的总体情况

百色市在应对气候变化方面做出了积极努力，在坚持规划引领、完善基础设施、加大保护力度、提高适应能力等方面做了不少工作，取得了突出成效。但也存在一些亟待解决的问题，突出表现在城市尤其是石漠化地区应对气候变化能力不足，对水资源、气候灾害的监管能力有待提高，等等。

（一）总体建设情况

百色市按照自治区部署，坚持在应对气候变化方面积极作为，加快推动生态文明建设，不断强化基础设施对气候变化的适应能力。加大生态修复和水资源保护力度，着力提升气候适应能力。

1. 相关政策规划日益完善

百色市积极响应中央、自治区有关应对气候变化政策要求，统筹协调发改、住建、国土、环境、交通、林业、农业等各有关部门，围绕时代发展需要和政策要求，积极推动建设气候适应型城市试点工作。近年来，百色市相继出台了《百色市"十二五"控制温室气体排放工作方案》《百色市环境保护"十二五"规划》《百色市"十二五"节能减排综合性工作方案》《百色市"十三五"环境保护规划纲要》《百色市"十三五"综合运输体系建设规划》《百色市工矿废弃地复垦利用专项规划（2016～2020）》《百色市城区防洪排涝工程规划》《百色市中心城区绿地系统专项规划（2017～2035）》《百色市海绵城市专项规划》《百色市发展循环经济行动方案》《百色市水污染防治行动计划工作方案》《百色市节能减排财政政策综合示范城市可再生能源和新能源利用规模化实施方案》《广西百色市创建国家循环经济示范市实施方案》《百色市自然灾害救助应急预案》等相关政策和规划，为建设气候适应型低碳城市提供了行动纲领和操作指南，对提升百色市适应和应对气候变化能力具有重要指导意义和实践意义。

2. 基础设施应险能力逐渐增强

提升基础设施应险能力是建设气候适应型城市的基础环节，百色市紧扣这一主题，加大资金投入，重点完善交通运输、水库、防护堤、气象监测站、城镇污水管网等基础设施建设。2015年，百色市新开工建设乐业—百色高速公路，延伸续建崇左—靖西、河池—百色、靖西—龙邦3条高速公路，完成了马山—平果高速公路建设。农村公路建设日益完善，新开工建设通村公路、桥梁等设施。在民航方面，百色巴马机场基础设施建设不断完善，南宁—百色航线如期开通运营，航线保障运行4条空中航线，安全保障率达到100%。同时，百色市积极疏通右江航道，基本完成右江千吨级航道建设。累计完成病险水库除险加固15座，完成中小河流堤防护岸建设44公里，完成主要支流堤防护岸建设4.8公里。

3. 石漠化治理取得新成效

石漠化治理是百色市提高气候变化适应能力的重要内容，从20世纪80年代起，百色市积极整合各类生态建设资金，通过实施爱德基金、石漠化工程以及速丰林、珠防林、生态公益林等一批关联工程和项目，极大地改善了全市石漠化地区的生态环境。在治理过程中，走出了一条"封、育、造、退、沼、柜、移、输"等多方式治理相结合的发展道路，全市经济作物种植规模不断扩大，森林覆盖率持续提高，推动了石漠化地区农民增产增收。截至 2017 年，百色市治理水土流失面积 331 平方公里，治理石漠化面积 152.81 平方公里。同时，搬迁安置石漠化山区农户 2.38 万户。

4. 森林生态系统更加稳定

百色市高度重视森林生态系统构建对应对气候变化的作用，通过实施一批速丰林造林、荒山造林、低产林改造、退耕还林造林、珠江防护林工程造林、木材战略储备、森林抚育等营造林项目，全市森林面积不断增加。截至 2017 年，百色市森林覆盖率达到 78.24%，造林绿化面积达到 63.28 万亩。同时，百色市严查涉林刑事犯罪，加强林木资源保育管护，重点维护生态公益林安全，强化森林野生动植物保护和利用，进一步做好森林湿地保护和湿地公园建设。成功创建"国家森林城市"，是广西 2017 年唯一入选的城市。

5. 水资源保护力度不断加大

水资源保护是维系生态安全、应对气候变化的重要方面，在水资源保护方面，百色市先后出台了《百色市实行最严格水资源管理制度实施方案》《百色市实行最严格水资源管理制度考核办法》《百色市实行最严格水资源管理制度考核工作实施细则》等政策文件，制定了最严格的水资源保护制度和考核办法，并将水资源管理制度纳入全市绩效考核工作体系。在水资源管理方面，百色市出台了"四项制度"，划定了"三条红线"。一是用水总量控制制度。加强水资源开发利用控制红线管理，严格实行用水总量控制，确立水资源开发利用控制红线。二是用水效率控制制度。加强用水效率控制红线管理，确立用水效率控制红线。三是水功能区限制纳污制度。加强水功能区限制纳污红线管理，严格控制入河湖排污总量，确立水功能区限制纳污红线。四是实行水资源管理责任和考核制度。同时，百色市将水资源开发利用、节约和保护纳入经济社会发展考核及地方经济社会发展综合评价体系，由市、县人民政府主要领导对本行政区内水资源管理和保护负总责。加强水源地保护，合理开发利用水域资源，加强湿地保护，完善湿地公园建设，组织澄碧河湿地申报中央财政湿地保护与恢复项目资金及湿地保护奖励补助资金，继续推动湿地公园建设试点工作。

6. 气候变化适应能力逐步增强

气候变化适应能力建设应着眼于极端天气的监测预警，植根于防汛抗旱基础能力建设。百色市按照这一思路，建立健全极端天气预警机制，着力提高防洪抗旱能力，已建成山洪灾害监测预警平台，通过制定水库电站泄洪预警决策和建立下游群众转移工作机制，实现水库与当地政府防汛工作联动发力，为防汛抗旱工作提供良好的应对机制。建立了市、县、镇三级防汛抗旱指挥机构，在每年汛期实行24小时值班和领导带班制度，统筹协调气象、水文、国土、旅游、水利、农业等部门，打造了一支高效的防汛应急抢险队伍。同时，合理扩大水库库容，高标准规划建设中小型水库，强化上下游水库协调联动效应，提升整体防洪抗旱能力。建设市区、县城、重点镇防洪堤，提高城镇防洪能力。

7. 减缓气候变化行动富有成效

在应对气候变化方面，百色市坚持减缓与适应相结合的原则。全市积极推动产业结构调整，加快淘汰落后低效产能，扎实推进节能减排工作，优化能源利用结构，推动百色市生态铝材加工由建筑型材逐步向铝板带箔、汽车铝轮毂、铝镁合金线等高附加值的铝深加工转型发展。新材料、生物医药、电子信息等新兴产业加快发展，产业增加值占全部工业增加值的比重逐渐提升。百色市积极实施各类工程或项目，如分布式光伏发电项目、田东县89所寄宿制中小学校太阳能集中供热水项目、田东县实验高中和职业技术学校学生宿舍太阳能热水工程、可再生能源建筑应用示范县农村浴室改造项目等。

（二）存在问题

百色市在应对气候变化工作中做出了许多有益的探索，并在气候适应型城市建设方面取得了重大成效，但也存在亟待改进和加强的方面，诸如城镇基础设施建设水平、石漠化综合治理能力、气象灾害预警预防体系建设水平有待提升，水资源供需矛盾有待解决，等等。

1. 应对气候变化基础能力有待增强

百色市大部分地区属于大石山区，生态环境承载力低，地形条件复杂，岩溶双层地质结构容易导致地表水土资源通过空隙渗漏到地下，给地表建筑物的安全性带来极大挑战。同时，岩溶地貌往往需要较长时间的勘探测绘，并填埋土方、砂石，容易延长工期。历年来，百色市经调查发现共有2260处地质灾害隐患点，其中急需治理的地质灾害隐患点共1870处，地质灾害防治工作任务繁重。城乡基础设施建设水平滞后，特别是给排水、供电、交通通信等生命线系统应对极端天气事件的稳定性和抗风险能力严重不足。其中，农村居民建筑、厂房设施等墙体防洪能力较弱，应对气候变化能力不强。

2. 石漠化综合治理能力有待提升

百色市石漠化地区面积较大，生态系统较为脆弱，土壤贫瘠，不利于大型植被生长，极端天气事件严重影响了石漠化地区的生态恢复。同时，石漠化地区土壤呈碱性，有机质含量低，林草植被覆盖率较低，重建岩溶地区生态系统较为困难，封山育林、自然恢复以及人工造林等手段和措施更易受到旱涝灾害影响。石漠化地区面积大、分布广，工程建设内容多样，干旱、暴雨、洪涝等对工程建设及成果巩固的威胁越来越严峻。

3. 水资源供需矛盾有待解决

极端天气事件的增多和地区间降水不均衡的加剧，使地区水资源供需矛盾凸显。目前，百色市尚无完善的有关水资源管理的有效配置方案，灌区农业粗放生产和低效率用水更是加剧了农业用水的紧张程度。缺乏对重要饮用水源地的有效保护，取水安全隐患较多，加之气候变化，洪水的量级、频率及其带来的破坏呈现加剧的趋势。对现存水利工程设施缺少相应的评估标准和评估办法，针对老化水利工程的维护、改造和维修加固工作仍然不够。目前已有的水质监测站数量较少，监测技术较为落后，急需建立一个长期有效的水资源监测管理体系，以加强对水环境变化情况的有效跟踪、监管。

4. 气象灾害监测预警体系有待健全

气象灾害监测预警仍然薄弱，气象灾害监测应急能力建设滞后，对强降雨、干旱、高温、冰雹、冰冻等气象灾害的监测预警预报水平和评估能力较弱，农业农村防御气象灾害的能力欠缺，人口密集地区、重点保护地区和边远山区等气象灾害易发或防御薄弱区域的监测站网需要扩充，监测预警基础设施的综合运用和集成开发进展缓慢。城市应急预案和救援体系尚不健全，缺少对暴雨、干旱、高温、冰冻、内涝等极端天气事件的防灾应急管理方案，应急救灾响应机制不完善，应对自然灾害的主动性、及时性和科学性不足。

三 对气候适应型城市建设的思考

在应对气候变化方面，应始终突出重点，创新工作方法，继续出台实施相关行动方案，加快提升应对气候变化能力，主要从评估研究、制订适应气候变化行动方案、提升基础设施适应能力等方面开展相关行动。

（一）看清当前气候变化形势，建立应对气候变化数据库

用科学合理的方法分析气候变化对城市各领域的影响是建设气候适应型城市的基础和前提，"互联网＋"和大数据为应对气候变化创造并提供了新的机遇和新的手段，百色市应结合气候要素变化情

况，加快建立气候变化数据库。数据库主要包括气候变化监测指标
体系，如气温、气压、湿度、降水、地表温度、植被、物候、地表
径流等信息，以及干旱、高温、强降雨、雾霾等极端天气事件。根
据数据库基础数据需求，建立气候变化监测平台，整合相关数据和
事件信息，分析近几十年百色市的气候变化情况，模拟百色市气候
变化趋势，研判今后百色市气候变化带来的影响，为下一步基础设
施、水资源、生态环境、农业等建设提供数据支撑。

（二）立足适应气候变化特点，出台城市适应气候变化方案

为更好地适应气候变化，百色市应根据国家出台的《城市适应
气候变化行动方案》的有关要求，充分结合未来百色市适应气候变
化有关需求，以适应新的经济发展趋势和社会发展需要，编制出台
《百色市城市适应气候变化行动方案》。应充分认识城市在适应气候
变化工作中的复杂性、严峻性，突出关键核心问题，明确开展适应
气候变化工作思路，分别就城市适应气候变化的现有基础、行动目
标、指标要素、重点任务和保障措施等进行分析，着力完善城市基
础设施，推动城区产业结构优化调整，加强水资源监管，优化城市
生态环境，推动城市防灾减灾。在国民经济与社会发展规划、城市
规划、土地规划、产业发展规划等规划中体现气候变化要素，着力
抓好城市适应气候变化基础工作，使适应气候变化工作具有可操
作性。

（三）提高基础设施建设标准，健全城乡公共服务设施

全面考虑气候变化对百色市带来的影响，重点提高城乡基础设
施建设标准，完善城乡交通网络，健全城乡公共服务设施。

一是提高城乡基础设施建设标准。在城乡基础设施建设中，应
充分考虑强降水、高温、内涝、冰冻等极端天气事件，加快提高百
色市给排水、供电、供气、交通、信息通信等城乡基础设施建设标
准，提高基础设施的稳定性和安全性。提高城市地下工程在排水、

墙体强度和地基稳定等方面的建设标准，以及河流堤坝防洪、泄洪、抗旱标准。提升能源基础设施建设水平，重点就制冷、采暖及节能标准进行分析，出台相关建设标准，提升供电供能保障水平。加强城乡道路建设，提高道路设计中的排水设计标准，将极端天气事件纳入城市交通道路设计标准。

二是完善城乡交通网络。积极推进城乡公共交通体系建设，重点完善城乡综合交通运输网络，强化城镇间干线、快速路、断头路等交通基础设施建设，修复、加固改造城市道路、桥梁，持续完善城乡公共交通运输网络，继续完善城乡道路照明、标识、警示等指示系统，提高交通车辆、公交站台、停车场等适应极端气候变化的能力。加快构建安全、便捷、舒适的公共交通服务系统，以更好地服务百色中心城区和周边地区。加快建设城市交通大数据平台，提升交通管理水平和运输服务能力，建立城市客运公共出行数据库，分析公共出行需求，提高个性化服务能力。

三是健全城乡公共服务设施。按照高起点、高标准、高质量建设要求，全面提升城乡供排水、供电、燃气、通信等公共服务设施适应气候变化能力。加快形成水资源统筹协调、灵活调度、主次网络层次合理、建设标准统一的城乡给排水格局，建成电网容量充足、电站布局合理、供电设备先进、电力调度灵活、输电网络安全的现代化城乡电网。建成并完善百色市的燃气输配系统，中心城区基本实现燃气管通道化。加快通信基础设施建设，重点推动通信业持续、快速、协调发展，加大通信资源整合力度，加快构建高效安全的通信网络体系，支撑百色市智慧城市建设。

（四）改善城乡居民居住条件，增强城乡建筑适应气候变化能力

结合气候变化对建筑设计、建造及使用的影响，积极发展绿色建筑，因地制宜发展被动式超低能耗绿色建筑，推动小区基础设施改造，合理利用可再生能源，强化雨水回收、中水循环利用，增强

城乡建筑适应气候变化能力，提升新建建筑对未来气候变化影响的应对能力。提高建筑气密性，提高高温、低温、强降雨等极端天气条件下室内环境质量。积极发展装配式建筑，提高装配式建筑在新建建筑中的应用比例。支持公共建筑、工厂厂房采用钢结构，推广钢结构、预制装配式混凝土结构及混合结构建筑。规划开展棚户区改造、城镇危房改造、老旧小区改造和配套设施建设，推动采用建筑节能与结构一体化技术，重点推动棚户区、旧城区改造，着力改善居民居住条件。

（五）加快开展石漠化治理，提升生态系统恢复能力

百色市石漠化地区面积较广，是广西石漠化治理的重点区域，应按照《滇桂黔石漠化片区区域发展与扶贫攻坚规划（2011～2020年）》部署，加大石漠化治理力度，出台完善的石漠化治理政策体系，继续落实石漠化治理目标任务，积极开展退耕还林、人工造林、封山育林、种草植树等植被恢复行动，重点推动右江河谷城镇带各县石漠化治理，不断提高石漠化地区森林覆盖率，维护石漠化地区生态稳定，增强气候适应能力。积极开展石漠化治理项目事前、事中监测和事前、事后评估，构建治理评价指标体系，保障治理水平。加快推动生态移民、扶贫移民等移民搬迁工程，推动大石山区珍贵树种、特色经济树种以及中草药等特色树种种植，提高当地农民的经济收入。

（六）加强城市生态绿化建设，完善城市绿色生态功能

依托城市生态系统现有格局，加强中心城区、自然林地、水域敏感区的绿化建设，全面提升城市整体绿化水平。增强城市生态修复能力，加快气候友好型城市建设，增强城市绿地调节气候能力。在中心城区绿地系统框架之下，科学规划中心城区城市绿地建设；在中心城区绿地系统主结构框架之下，重点建设道路防护绿地、公园绿地、郊区绿地、滨水绿地，加快形成中心城区网状绿地系统结

构。重点推进城市绿地、森林、湖泊、湿地建设，充分发挥森林在涵养水源、调节气候、防风固沙、净化环境以及促进生物多样性等方面的作用。根据气候条件和景观布局，因地制宜选择适宜的林草物种，加快推进节约型绿地建设。推动城市绿化树种朝多元化方向发展，扩大湿地松、白千层等适应性强、抗旱抗病虫害能力强的树种种植。针对空气粉尘污染，适宜选取易于吸带粉尘的树木种植。

（七）推动城乡灌渠系统改造，提高城市防洪排涝能力

加快实施城市管渠系统升级工程，提高管渠截流、输送、控污和排放能力。加快水资源管理体制机制创新，重点提升水循环利用能力，加强城市防洪设施建设，提高城市防洪排涝减灾能力，保障城市水安全。

一是加快建设海绵城市。科学规划海绵城市建设布局，重点推行低影响开发建设模式，加快推动完善雨水收集设施建设，改造和建设雨水管渠，按照统一规划、同步实施的原则，推进城市雨水收集利用及排水防涝工程建设，推进旧城区改造和新区合理开发建设。推动城中村、老旧城区和县城建成区污水截流、收集工作，建立并完善雨污分流设施。对于难以改造的系统，因地制宜采取截流、调蓄和治理等措施。对于新建城区，配套建设雨污分流设施，在更大范围内开展雨水收集、处理和资源化利用。完善市区周边水循环，推进河流、水库、山塘连通工程。

二是加强节水能力建设。结合百色市水资源承载情况，明确水资源承载能力，开展水资源承载能力监测评估，提高水资源管理能力，按照水资源供给能力，确定产业发展类型和城镇发展规模。加强水资源管理，提高水资源利用效率。实施一批供水工程，重点开展澄碧河水库引水和百色市城区供水工程建设。加快城市工业水循环利用，提升城市应对高温、干旱缺水能力，加强洗煤废水循环利用，鼓励高耗能水企业开展废水回收利用。加快开展非

常规水源利用，按照统一配置原则，鼓励工业生产、城市绿化、道路清扫、车辆冲洗、建筑施工以及生态景观等优先使用再生水、雨水。

三是健全城市防洪排涝系统。完善城市规划建设，合理安排城市防洪排涝空间，加快建设防洪堤坝，加强堤坝管理。积极开展防洪重点项目建设，继续开展城区内河整治，提升城区排洪排污能力。着力完善百色－田阳一体化城区防洪工程建设，重点建设河段堤防护岸、城区排涝沟等工程。加快提升城市治涝能力，重点提升沿江地势低洼乡镇驻地及主要粮食产区防洪排涝能力。制订城市防洪排涝应急方案，提升应对强降雨等天气保障能力。

专栏 6－2　国家气候适应型城市建设导向

总体方向。综合考虑气候类型、地域特征、发展阶段和工作基础，选择一批典型城市，开展气候适应型城市建设试点，针对城市适应气候变化面临的突出问题，分类指导、统筹推进，积极探索符合各地实际的城市适应气候变化建设管理模式，这是我国新型城镇化战略的重要组成部分，也将为我国全面推进城市适应气候变化工作提供经验，发挥引领和示范作用。

工作目标。以全面提升城市适应气候变化能力为核心，坚持因地制宜、科学适应，吸收借鉴国内外先进经验，完善政策体系，创新管理体制，将适应气候变化理念纳入城市规划建设管理全过程，完善相关规划建设标准，到 2020 年，试点地区适应气候变化基础设施得到加强，适应能力显著提高，公众意识显著增强，打造一批具有国际先进水平的典型范例城市，形成一系列可复制、可推广的试点经验。

主要任务。一是强化城市适应理念。统筹城市建设、产业发展和适应气候变化工作，创新城市规划建设管理理念，科学分析气候变化主要问题及影响，加强城乡建设气候变化风险评估，将适应气候变化纳入城市发展目标体系，在城市规划中充分考虑气候变化因素，修改完善城市基础设施建设运营标准，健全城市适应气候变化管理体系。二是提高监测预警能力。加强气候变化和气象灾害监测预警平台建设及基础信息收集，开展关键部门和领域气候变化风险分析。加强信息化建设和大数据应用，健全应急联动和社会响应体系，实现各类极端天气事件预测预警信息的共享共用和有效传递。加强城市公众预警防护系统建设。三是开展重点适应行动。出台城市适应气候变化行动方案，优化城市基础设施规划布局，针对强降水、高温、干旱、台风、冰冻、雾霾等极端天气事件，修改完善城市基础设施设计和建设标准。积极应对热岛效应和城市内涝，发展被动式超低能耗绿色建筑，实施城市更新和老旧小区综合改造，加快装配式建筑的产业化推广。增强城市绿地、森林、湖泊、湿地等生态系统在涵养水源、调节气温、保持水土等方面的功能。保留并逐步修复城市河网水系，加强海绵城

续表

市建设，构建科学合理的城市防洪排涝体系。加强气候灾害管理，提升城市应急保障
服务能力。健全政府、企业、社区和居民等多元主体参与的适应气候变化管理体系。
四是创建政策试验基地。加大对城市适应气候变化工作政策支持力度，积极协助试点
地区申报适应气候变化相关项目，鼓励试点地区出台有针对性的适应气候变化方面的
财税、金融、投资等扶持政策，实施适应气候变化示范工程。开展体制机制和管理方
式创新。鼓励应用 PPP 等模式，引导各类社会资本参与城市适应气候变化项目，将
试点地区打造成为安全发展、节水节材、防灾减灾、生态建设等有关政策集成应用和
综合示范平台。五是打造国际合作平台。加强城市适应气候变化国际交流合作，鼓励
试点地区与有关国际机构和国外先进城市加强经验交流与务实合作，优先支持试点地
区参加国际合作项目和国际交流活动，把试点地区打造成气候变化国际合作示范
窗口。

资料来源：《国家发展改革委　住房城乡建设部关于印发开展气候适应型城市建设试点的通
知》（发改气候〔2016〕1687 号），2016 年 8 月。

| 第七章 |

应对之策：广西应对气候变化的
保障措施

　　有关应对气候变化的保障措施，重点是在综合国内外研究的基础上，通过系统整合，并结合广西气候特点、气候资源实际，对以往广西应对气候变化所提出的保障措施进行进一步的完善提升。从国外来看，英国和日本分别公布了《气候变化法案》《环境基本法》等一系列法规，通过立法保障来实现应对气候变化工作的长效发展；从国内来看，四川省和山西省等省份先后出台了《应对气候变化办法》，将应对气候变化实施方案提升到法律层面，对指导和监督应对气候变化工作具有一定的权威性和保障性。应对气候变化需要政府、企业、社会各方的积极参与和合作，从全局视角和战略高度来看，必须坚持经济发展与减少温室气体排放并重，实施具有针对性和可操作性的对策措施，有效推进应对气候变化工作。

第一节　国家层面应对气候变化的重点举措

　　我国是最早制订并实施应对气候变化方案的发展中国家。2007年6月，国务院发布《中国应对气候变化国家方案》，全面阐述了我国在2010年前应对气候变化的对策。这不仅是我国第一部应对气候变化的政策性文件，而且是发展中国家在该领域的第一部国家方案。我国政府除了出台专门的应对气候变化的战略规划、政策性文件外，还重视与应对气候变化相配套的其他政策举措，通过节能减排与碳减排工作的协同推进，更好地应对气候变化问题。如我国政府制定的《节能减排"十二五"规划》《"十二五"节能减排综合性工作方案》《可再生能源中长期发展规划》等都对应对气候变化做出了相应的规划考虑，并且还重视与应对气候变化有关的立法工作的实施，如《煤炭法》《电力法》《清洁生产促进法》《可再生能源法》《节约能源法》等，这些对减缓和适应气候变化起到了极大的促进作用，表明我国积极应对气候变化的鲜明态度和保护气候环境的坚定决心，为下一阶段推进应对气候变化工作提供了明确的指引。我国出台的应对气候变化相关文件内容及方案见表7-1。

表 7-1　我国出台的应对气候变化相关文件内容及方案

时间	主要内容及方案
2008 年 10 月	国务院新闻办公室发布《中国应对气候变化的政策与行动》白皮书，全面介绍中国减缓和适应气候变化的政策与行动，成为中国应对气候变化的纲领性文件
2009 年 11 月	我国提出到 2020 年单位国内生产总值二氧化碳排放比 2005 年下降 40%~45% 的行动目标，并将其作为约束性指标纳入国民经济和社会发展中长期规划
2011 年 12 月	国务院印发《"十二五"控制温室气体排放工作方案》
2013 年 11 月	我国发布第一部专门针对适应气候变化的战略规划《国家适应气候变化战略》，标志着我国首次将适应气候变化提升到国家战略的高度
2014 年 5 月	国务院办公厅印发《2014~2015 年节能减排低碳发展行动方案》
2014 年 9 月	国务院印发《国家应对气候变化规划（2014~2020 年）》
2015 年 6 月	我国向《联合国气候变化框架公约》（以下简称《公约》）秘书处提交了应对气候变化国家自主贡献文件，提出到 2030 年单位国内生产总值二氧化碳排放比 2005 年下降 60%~65% 的目标。这不仅是我国作为《公约》缔约方的规定动作，而且是为实现《公约》目标所能做出的最大努力。世界自然基金会等 18 个非政府组织发布的报告指出，中国的气候变化行动目标已超过其"公平份额"

续表

时间	主要内容及方案
2016 年 10 月	国务院印发《"十三五"控制温室气体排放工作方案》，对"十三五"时期应对气候变化、推进低碳发展工作做出全面部署，明确提出到 2020 年单位国内生产总值二氧化碳排放比 2015 年下降 18%，碳排放总量得到有效控制，非二氧化碳温室气体控排力度进一步加大
2017 年 10 月	国务院印发《中国应对气候变化的政策与行动 2017 年度报告》，重点介绍了我国自 2016 年以来应对气候变化的最新进展和主要成就，全方位展示了我国各部门、各地方、各领域应对气候变化的政策行动及成效，也为下一步国家应对气候变化的政策与行动明确了方向
2018 年 11 月	生态环境部印发《中国应对气候变化的政策与行动 2018 年度报告》，指出自 2017 年以来，我国政府在调整产业结构、优化能源结构、节能和提高能效、控制非能源活动温室气体排放、增加碳汇等方面取得了积极成效，2017 年我国碳强度比 2005 年下降约 46%，已提前完成 2020 年碳强度下降 40% ~ 45% 的目标

资料来源：国家应对气候变化战略中心网站。

第二节　省级层面应对气候变化的重点举措

从全国相关省（自治区、直辖市）应对气候变化方案来看，各地提出的应对气候变化保障措施具有较高的相似性，这与我国当前应对气候变化工作的推进阶段和发展层次具有直接关联。

一　加强组织领导

加强组织领导尤其是机制建设对实现应对气候变化工作的常态化、机制化具有十分重要的作用。天津市、上海市、广东省、辽宁省、福建省、湖南省、甘肃省、宁夏回族自治区等均提出要加强应对气候变化领导小组对各省（自治区、直辖市）应对气候变化工作的组织领导，健全节能和应对气候变化管理机制。各省（自治区、直辖市）领导小组在国家应对气候变化领导小组的指导下，组织实施国家应对气候变化的重大战略、方针和对策，并进行监督指导。

统一部署应对气候变化工作，协调解决应对气候变化工作中的重大问题，研究审议重大政策建议，协调和管理各省（自治区、直辖市）减缓和适应气候变化的相关活动，推动应对气候变化相关研究和管理制度建设。这表明各地区举全省（自治区、直辖市）之力抓好应对气候变化工作，增强减缓和适应气候变化的能力。

二 健全法律体系

从长远来看，必须尽早将应对气候变化工作纳入法治化轨道，为应对气候变化提供法治保障。虽然我国目前尚未建立完备的应对气候变化的法律体系，但是一直在加快相关领域立法工作进度，自《环境保护法》颁布之后，我国先后制定了《循环经济促进法》《清洁生产促进法》等法律，专门制定了控制能源消耗的《煤炭法》《矿产资源法》等法律，共制定了 30 余部资源类法律以及《公共机构节能条例》《低碳产品认证管理暂行办法》《工业企业温室气体排放核算和报告通则》等一系列政策法规。自 2007 年以来，我国地方政府应对气候变化立法进入快车道，新疆维吾尔自治区、河北省先后出台《应对气候变化实施方案》，深圳市出台《深圳经济特区碳排放管理若干规定》。随着"后京都时代"的到来，青海省、黑龙江省、四川省等也在积极筹备应对气候变化立法工作。2010 年，《青海省应对气候变化办法》正式实施，成为我国地方政府首部应对气候变化的法规。2011 年，《山西省应对气候变化办法》正式实施，将碳排放强度纳入各级政府和企业责任制考核评价体系。2014 年，北京市、天津市、上海市等相继出台《碳排放权交易管理办法》。2016 ~ 2017 年，甘肃省、吉林省、福建省、天津市、河北省等省市相继出台《"十三五"控制温室气体排放工作方案》，各省（自治区、直辖市）政府从制定应对气候变化政策向法律法规发展已成为必然趋势。

三　加大融资力度

应对气候变化工作涉及面广、建设领域宽泛，所需资金投入巨大。因此，必须积极拓宽融资渠道，加大减缓和适应气候变化工作资金投入力度，尤其是应支持相关技术研发及其产业化。各省（自治区、直辖市）在应对气候变化实施方案和政策中都相应提到加大资金投入力度，但在资金投入支持方面存在差异。

一是经济手段和金融机构相结合，加大融资力度。天津市提出要适当安排用于应对气候变化的资金，拓宽融资渠道，推动成立能源信托公司、碳信托公司，吸收技术服务公司和社会资金参与，支持中小企业进行节能改造，鼓励银行类金融机构以绿色贷款、保理业务等进行专项贷款，支持企业加大对低碳技术与能效技术的资金投入。

二是政策与金融体系相结合，加大应对气候变化资金投入。上海市提出进一步加大资金投入，完善金融信贷和价格政策体系，加大节能低碳资金投入，组织推动相关金融机构和企业发行绿色金融债券、绿色企业债券，推广发展合同能源管理项目权益抵押融资模式，探索节能低碳项目未来收益权、可再生能源发电量、碳排放配额等抵押贷款方式，拓宽节能低碳服务企业融资渠道，积极完善金融信贷政策，推进和深化能源价格改革。

三是扩大财政来源范围，增加应对气候变化资金投入总量。广东省提出要逐步加大各级财政对应对气候变化的资金投入，支持低碳技术研发和产业化，使资金投入利用实效化。建立健全稳定增长的资金投入机制，支持低碳技术研发和产业化公共服务平台建设，支持低碳城市、社区、园区和企业等不同层次的示范项目建设。积极拓宽融资渠道，创新金融制度和金融工具，引导社会资金加大对应对气候变化领域的投资力度。

四是设立应对气候变化专项资金，支撑开展应对气候变化工作。湖南省提出各级政府应通过设立专项资金、落实税收优惠和信贷优惠政策、进行直接补贴等方式，建立相对稳定的政府资金主渠道，争取国家用于新能源开发、节能减排和应对气候变化相关的基本建设等专项资金支持，支持湖南省开展应对气候变化领域的科学研究、技术开发和项目建设。

五是将应对气候变化资金纳入公共财政预算，撬动社会资金，倡导全社会共同参与应对气候变化。陕西省基于应对气候变化工作的公益性，将应对气候变化投入纳入各级政府公共财政预算。对生态效益、社会效益、经济效益等进行财政投入层次区分，充分发挥政府投资的引导作用，鼓励社会各界参与应对气候变化的共同事业，通过设立基金、加强国际技术合作与转让、帮助企业参与"清洁发展机制"等国际互惠交易活动，争取吸引国外机构投资。

四　提升研发水平

以天津市、上海市、广东省为代表的东部沿海发达地区，在应对气候变化过程中充分发挥科研机构和高校的优势，开展产学研合作，加快培育和搭建低碳技术研发、产业化和服务平台，打造一支具有国际水平的应对气候变化科技研发队伍。建设一批相关领域的工程研究中心、技术中心、工程实验室、重点实验室，加快技术创新步伐，不断提高应对气候变化能力。以湖南省、河南省、山西省为代表的中部地区，提出要增强应对气候变化能力，鼓励有关部门和科研机构参加应对气候变化国内外合作，通过加强与国内外研发机构的合作，引进国内外先进适用技术和方法，并进行消化吸收和推广应用，推进气候变化重点领域的科学研究与技术开发工作，提高地区减缓与适应气候变化能力。以甘肃省、贵州省为代表的西部欠发达地区，提出要大力实施科技强省战略，强化应对气候变化科研及师资队伍建设，整合大专院校和科研院所力量，设置相关学科，逐步打造一支强有力的管理和研发队伍。加强应对气候变化智库建设，培养和引进具有国际视野和影响力的领军人才，引进国内外先进科研机构，引导地区相关领域开展技术开发，鼓励企业加大对气候变化相关技术的研发力度，发挥技术创新主体作用，加强低碳技术示范和推广，全面推动各行业减缓和适应气候变化工作。超过一半的省（自治区、直辖市）在应对气候变化方案中提出必须加大科研投入力度，提升科技研发能力，加强科研人才培育与引进，加快技术创新步伐，重点推进节能降耗、新能源等关键技术的研发与应用，充分发挥科技的支撑引领作用，增强应对气候变化能力。

五　打造人才队伍

天津市提出要打造一支具有国际水平的应对气候变化科技研发队伍。山东省提出应建立人才激励与竞争的有效机制，营造有利于人才脱颖而出的学术环境和氛围，要特别重视培养具有国际视野且能够引领学科发展的学术带头人和尖子人才，逐步建成一支强有力的气候变化科技管理和研发人才队伍。广东省则实施"珠江人才引进计划"，着力引进一批应对气候变化和低碳发展领域的创新科研团队、领军人才、高技能人才。大力支持高等教育、职业技术教育、继续教育领域设置应对气候变化和低碳发展相关专业，建设多层次人才培养和培训基地。上海市推动建立能源管理师制度，加强对重点用能单位能源管理人员进行专业培训，依托本市高校和科研院所，建设节能环保高技能人才培训基地，加快培养节能低碳技术研发、能源管理、碳资产管理、温室气体统计核算、应对气候变化战略研究等节能低碳专业人才。通过上述分析，可以看出科学技术研发和创新在应对气候变化过程中的引领价值以及人才在其中发挥的主导作用。广西作为高级技术研发人才紧缺的地区，必须依托相关专业学科，引进科研机构，建立健全人才培养体系和培训机制，高度重视人才的培养和发展。

六　加大宣传教育力度

全国各省（自治区、直辖市）在应对气候变化方案中均提出要加大宣传教育力度，增强公众参与意识。广东省充分发挥政府主导作用，通过举办节能宣传周、开展知识竞赛、推出电视公益宣传、组织能源紧缺体验活动等，深入持久地开展应对气候变化知识的宣传教育活动，增强全民应对气候变化的意识。甘肃省引导公众建立有助于减少温室气体排放的生活方式和消费模式，如使用节能的家用电器、充分利用公共交通设施、购买和使用再生纸以及自觉进行生活垃圾分类等，使其成为每个公民自觉遵守的行为准则，逐渐形成绿色消费、低碳消费的良好社会氛围。安徽省将气候变化纳入重大主题宣传活动，组织编写气候变化科普读物和宣传材料，推动高等院校成立气候变化相关学生社团。以上措施体现了我国各地区在应对气候变化中充分发挥政府推动作用，注重宣传教育，提高公民认知，形成全民参与应对气候变化活动，开展绿色消费、低碳消费的新局面。

第三节　广西应对气候变化的重点举措

2017 年以来，广西出台了《广西"十三五"控制温室气体排放工作实施方案》《广西应对气候变化"十三五"规划》《广西壮族自治区适应气候变化方案（2016～2020 年）》《广西节能减排降碳和能源消费总量控制"十三五"规划》等纲领性、指导性的规划和文件，其中提出的相关措施和建议对推进广西应对气候变化工作具有重要指导意义，在此基础上，本书结合广西应对气候变化的发展趋势和发展需求，进一步提出重点举措。

一 建立完善相关法规与体制机制

加快建立应对气候变化的相关法规，确立应对气候变化在广西发展战略中的重要地位，确定应对气候变化的制度安排和政策框架。严格执行《节约能源法》《可再生能源法》《循环经济促进法》《清洁生产促进法》《森林法》等相关法律法规，根据国家的法律法规，加快制定地方性法规或实施细则，依法建立严格的监管制度，加大执法监督检查力度，依法推进广西应对气候变化工作。根据应对气候变化的要求，适时修改和完善广西应对气候变化以及与环境保护相关的法规、条例、标准等材料，并根据实际情况制定新的符合区情的法规和条例，为应对气候变化提供有力的法治保障。建立并完善广西应对气候变化工作领导小组统一领导、各有关部门分工负责、社会广泛参与的应对气候变化管理体制和工作机制，厘清各部门职责、权利和义务，各级政府要加强对本地区应对气候变化工作的组织领导，为应对气候变化工作提供组织保障。

二 建立健全温室气体指标核算体系

目前，广西开展了"省级温室气体排放清单编制""广西温室气体排放数据库建设""推广应用企业温室气体排放检测、报告、核算技术"等工作，但尚未形成完备的温室气体排放统计指标体系和制度。应加强温室气体排放核算工作，制定地方温室气体排放清单编制指南，规范清单编制方法和数据来源，定期开展自治区级温室气体排放清单编制，逐步实现温室气体清单编制常态化。建立温室气体排放基础统计制度，将温室气体排放基础统计指标纳入政府统计指标体系，建立健全涵盖能源活动、工业生产过程、农业、土地利用变化与林业、废弃物处理等领域，适应温室气体排放核算的统计体系。根据温室气体排放统计需要，扩大能源统计调查范围，细化能源统计分类标准，构建国家、地方、企业三级温室气体排放基础统计和核算工作体系。细化重点行业企业温室气体排放核算指南，推进开展企业温室气体核算，实行温室气体排放数据报告制度，推进重点企业温室气体排放直接报送系统平台建设和运行，实行重点单位直接报送能源和温室气体排放数据制度，重点排放单位要健全温室气体排放和能源消费的台账记录。采用互联网、物联网等信息技术建设温室气体在线监测平台，探索实施应对气候变化低碳大数据试点工程，建立健全碳排放基础数据库，提升碳排放统计和核算支撑能力。

三 积极推进低碳试点示范建设

低碳试点示范建设是一项综合性、长期性的工作，要建立健全低碳试点示范建设工作机制，成立专门的领导工作小组负责抓总，强化各部门、各单位之间的沟通、协调与合作。结合广西的自然条件、资源禀赋和经济基础等特点，积极探索适合广西的低碳绿色发展模式和发展路径，加快形成经济以低碳产业为主导、市民以低碳生活为行为特征、城市以低碳城市为建设蓝图的低碳建设格局。加强顶层设计，根据实际区情制定《低碳试点城市实施方案》，明确低碳城市建设的总体思路、主要目标和重点任务，制定完善的低碳制度。通过培育低碳产业、调整能源结构、深化建筑节能、倡导绿色出行等一系列措施，推进低碳城市建设。积极制定低碳城市试点项目先行先试政策，以先行先试政策推进低碳示范项目建设，开展国家低碳城市试点示范项目建设工作，通过打造低碳农业示范区、低碳产业园区、"零碳"示范区、低碳智能宜居小区、低碳公共建筑、低碳企业、低碳校园、低碳景区、低碳医院等示范项目，发挥示范带动作用，以点带面，带动低碳城市建设。

四 着力增强石漠化地区应对气候变化能力

广西岩溶区面积占广西总面积的 41.57% ，是世界上最典型、最重要的岩溶区之一，典型的岩溶区喀斯特地貌、岩溶植被和土壤，导致广西地区石漠化环境问题十分突出。加强石漠化综合治理，逐步恢复和重建石漠化地区严重退化的生态系统，通过整合"绿满八桂"造林绿化工程以及退耕还林、珠江防护林、森林生态效益补偿等林业重点生态工程项目，大幅度增加森林植被，提高石漠化地区森林覆盖率。积极实施国家重点工程——"岩溶地区石漠化综合治理工程"中涉及的林地和草地恢复、土壤改良、坡改梯及水资源开发利用，走地上与地下联动治理路线。通过人为干预增加碳汇效应，一方面，在地上通过人工选择和培育陆地植物，可提高岩溶碳汇发生强度；让来自硅酸盐岩地区的具有侵蚀力的外源水流经岩溶区，产生的碳酸盐岩溶解，可增加碳汇量。另一方面，在地下通过土壤改良，可提高土下岩溶碳汇发生强度；通过人工选择和培育水生植物，可提高岩溶碳汇的稳定性；通过增加地表生物碳汇和地下岩溶碳汇通量，可提高岩溶地区适应气候变化的能力。

五 尽早加入全国统一碳排放权交易市场

国家积极筹建全国统一的碳排放权交易市场，广西应积极参与全国碳排放权交易市场建设，在地方碳排放权交易市场建设上抢占先机。根据国家建设统一的碳排放权交易市场工作部署，设立机构专项管理碳排放权交易，制定地方性碳排放法规政策，建立开放、完善的交易体系，加强监管体系和监管能力建设，设置符合自治区区情的企业准入门槛，确定纳入碳交易的企业名单，实施重点企业温室气体排放核算、报告和核查制度，运行重点企业温室气体排放报送系统，完善重点行业温室气体排放基础统计数据，制定出台合理的配额分配方案和碳交易价格。培养碳交易专家技术支撑队伍，建立专业的咨询服务平台，建设一支集设计、管理、运作碳排放权交易体系于一体的专业人才队伍，持续开展碳交易能力建设。加快建设西南地区金融中心，吸引各类金融机构、金融科研教学单位入驻，积极推进银行和非银行金融机构碳金融产品研发工作，设立各种碳基金，发行碳债券，加快碳期货、碳远期、碳掉期、碳期权等碳金融工具①的研究与准备。充分发挥广西自身优势，建设资源减排交易市场，努力拓展业务，实现金融创新，为全国碳排放权交易市场建设贡献力量。

六　强化关键科技支撑和技术推广

注重发挥科技的支撑引领作用，坚持突出重点、着眼长远、引领示范的路径，统筹抓好应对气候变化科技工作，强化突破关键共性技术，增强广西应对气候变化的能力。继续组织实施应对气候变化重大科技产业化工程，加快新型技术装备研发和产业化，推动应对气候变化领域建设一批工程技术研究中心、研发基地和平台，促进高新技术和产品研发创新。推进校（研）企联合，共同研究解决节能减排关键技术问题和共性技术问题。一方面，以新能源关键技术研发为突破口，加强节能减排领域的技术攻关，持续抓好清洁能源与节能产品的科技支撑工作，加强醇类生物燃料开发、LED 高效节能技术等新能源相关技术的研究，确保新能源产业实现可持续发展。另一方面，抓好生态环境领域的科技工作，开展生态环境修复与治理技术示范应用研究，加快突破石漠化地区综合治理技术，提高石漠化地区应对气候变化能力；加强绿色低碳农业关键技术研究，

---

① 碳金融工具主要包括交易工具（碳期货、碳远期、碳掉期、碳期权等）、融资工具（碳质押、碳回购、碳托管等）和支持工具（碳指数和碳保险等）三类，可以帮助市场参与者有效管理碳资产，为其提供多样化的交易方式，提高市场流动性，对冲未来价格波动风险，实现套期保值。

加大对特色农业、土地林地资源优化配置等领域的科技投入。加大新能源技术和节能改造技术的推广力度，对于相对成熟先进但还未大规模推广使用的新能源技术和节能改造技术，采取通过立项进行示范应用的方式加大推广力度，使科技支撑应对气候变化工作真正落地生根。

七　加强应对气候变化人才建设

加快打造与应对气候变化相适应的高素质人才队伍，创新各种人才激励手段，形成尊重人才、用好人才的良好氛围，落实人才待遇保障机制，积极创建有利于人才安居、创业、发展的外部环境。实施人才引进计划，着力引进一批应对气候变化和低碳发展领域的创新科研团队、领军人才、高技能人才，带动广西本土科研团队和人才的发展。激活创新人才体制机制，充分发挥竞争机制的作用，充分调动人才的发展活力，形成"能进能出、能上能下"的人才机制，建设一支数量充足、结构合理、技术过硬的专业型人才队伍。大力支持广西大学、广西师范大学、南宁师范大学等高校以及职业技术教育和继续教育学校设置应对气候变化和低碳发展相关专业，建设多层次、宽领域的节能环保高技能人才培养和培训基地，加快培养节能低碳技术研发、能源管理、碳资产管理、温室气体统计核算、应对气候变化战略研究等节能低碳专业人才。加强与国际顶尖科研团队和人才的交流合作，积极引进国外先进的节能、环保、新能源等先进技术。

八　推进应对气候变化融资平台建设

充分发挥公共资金在我国应对气候变化活动中的领导和示范作用，增加气候资金的总量，提高其在广西财政预算中的比例，保证气候资金的合理、稳定增长。加大对应对气候变化的财政支持力度，增设应对气候变化专项资金，并建立与气候资金相关的统计和监测体系，统筹使用投向应对气候变化的公共资金，保障气候资金的科学、合理分配。加快建设应对气候变化融资平台，通过与国内、区内相关领域专家、金融机构、政府等的合作，探索设计符合自治区区情的气候融资机制，包括自治区内投融资机遇的识别与平台建设的可行性。组织推动相关金融机构和企业发行绿色金融债券和绿色企业债券，逐步建立并完善上市公司和发债企业强制性碳排放信息披露制度。加快金融机构产品和服务创新，推广发展合同能源管理项目权益抵押融资模式，拓宽节能低碳服务企业融资渠道。提高对气候变化技术应用领域的投入比例，增强公共资金撬动社会资金的能力，积极撬动金融市场资金和民间资本，调动传统金融机构参与气候融资的积极性，发挥政府、企业、金融机构、研究机构及行业组织的合力，共同推动融资政策和融资机制趋于完善，促进气候资金的有效流动。

九 着力加大应对气候变化宣传力度

依托节能宣传周、低碳日、无车日、地球日等开展节能低碳主题宣传活动，充分利用各类媒体的桥梁作用，树立低碳先进典型，营造绿色低碳社会氛围，引导广大市民从衣、食、住、行、用等多方面践行低碳理念，积极倡导市民参与低碳出行、光盘行动、衣物再利用、造林增汇等活动，动员全社会广泛参与应对气候变化行动。利用广西电视台和广西各大出版社等媒体，着力提高相关气候科教栏目水平，为观众和读者提供一些高质量的气候科普节目和读物，广泛宣传应对气候变化的重大意义，普及应对气候变化的基本知识。将应对气候变化科普宣传工作与各节日活动相结合，设计一些具有气候特色的科普活动，通过举办各种行之有效的活动，调动全社会应对气候变化的积极性、主动性和创造性，形成人人关心气候变化、人人应对气候变化的局面。积极营造良好的应对气候变化学习氛围，大力开展生态文明校园建设活动，结合教育实践普及生态文明知识，举办高水平、高质量的应对气候变化学术交流会。编制气候变化科普教育系列丛书，参与应对气候变化科普项目，推动更多应对气候变化和防灾减灾知识纳入中小学课本或课外读物。

十　加快推进重大项目建设实施

以新能源和节能减排技术研发为支撑，以机制、制度建设为保障，以推进应对气候变化重大项目建设为抓手，切实增强广西应对气候变化的能力。积极推进涵盖节能减碳重点工程、可再生能源发展重点工程、生态保护和碳汇建设工程、低碳技术示范和产业化重点工程、低碳试点示范工程、基础能力提升工程和适应气候变化重点工程七大领域的重大项目建设。

新能源交通运输项目。在城市交通方面，积极研发新能源公交车、清洁能源车，淘汰高污染、高能耗的公交车，减少污染物和温室气体排放，加大充电设施建设力度，提高民众公共交通出行率。借助共享单车服务，增加公共自行车数量，增建便民停车服务点、停保基地以及服务中心。在航空运输方面，优化航路航线和航班组织，淘汰老旧机型。继续开展加装小翼、发动机改造等节能改造。全面完成机场地面电源替代飞机辅助动力装置（APU）、场内特种车辆油改电。探索开展生物航空燃料应用试点。加强空调系统、照明系统等节能改造，推进绿色机场建设。在水路运输方面，进一步推广海铁联运、江海直达运输，优化船队结构，淘汰老旧船舶，适应船舶大型化发展趋势，实施船舶球鼻艏改造、加装舵球节能装置等节能改造，大力发展码头船舶岸基供电，推进绿色港口建设。

城市生活垃圾分类收集及资源化项目。加大垃圾分类宣传引导工作力度，增设分类垃圾桶，购买有机垃圾运输车，采购有机垃圾就地资源化利用设备，建设生活垃圾分解和资源化利用处理厂，完善垃圾分类相关标志，统一配置设计美观、标识易懂、规格适宜的居民生活垃圾分类收集容器，并设置生活垃圾分类引导指示牌。加快建立分类投放、分类收集、分类运输、分类处理的垃圾处理系统，不断提高质量化、资源化、无害化水平。

生态经济产业示范园区项目。淘汰高污染、高能耗的企业，通过发展循环经济和推进清洁生产，促进技术进步，努力控制冶金、有色金属、水泥等传统行业生产过程的温室气体排放，建设生态经济产业示范园区，大力发展现代服务业、高新技术产业、先进制造业，通过调整产业结构，转变经济发展方式，减少温室气体排放。

增加生物碳汇总量项目。通过实施重点防护林建设工程，恢复和扩大森林植被；继续实施新一轮退耕还林，大力推进坡耕地还林；通过地上与地下联动的生物措施机制，恢复岩溶石漠化地区林草植被，重建石漠化地区森林生态系统；保护与恢复湿地工程，维护湿地的生态功能，增强湿地的碳汇能力。

建设应对气候变化研究中心项目。依托区内相关科研机构和专业学科，借助区外专家资源和学科力量，组建广西应对气候变化研究中心，围绕可再生能源、节能减碳、生态保护与建设、低碳技术示范和产业化、低碳试点示范、碳强度考核、碳总量控制、碳核查、碳足迹、碳评估等重点领域，开展应对气候变化和低碳发展重大科技专项研究，为广西应对气候变化提供强大的智力支持和技术支持。

参考文献

一 著作类

[1] 陈诗一等主编《应对气候变化：用市场政策促进二氧化碳减排》，科学出版社，2014。

[2] 〔法〕朱利恩·谢瓦利尔：《碳市场计量经济学分析：欧盟碳排放权交易体系与清洁发展机制》，程思等译，东北财经大学出版社，2016。

[3] 范英、莫建雷等：《中国碳市场：政策设计与社会经济影响》，科学出版社，2016。

[4] 范英、滕飞、张九天主编《中国碳市场：从试点经验到战略考量》，科学出版社，2016。

[5] 何建坤、陈文颖等：《应对气候变化研究模型与方法学》，科学出版社，2015。

[6] 科技应对气候变化南南合作课题组等：《科技应对气候变化南南合作研究》，科学出版社，2016。

[7] 〔美〕弗朗凯蒂、阿普尔：《碳足迹分析：概念、方法、实施与案例研究》，张志强、曲建升、王立伟等译，科学出版社，2016。

［8］〔美〕马修·卡恩、郑思齐：《中国绿色城市的崛起》，中信出版社，2016。

［9］〔美〕苏珊·莫泽、麦斯威尔·博伊考夫主编《气候变化适应：科学与政策联动的成功实践》，曲建升、王立伟、曾静静等译，科学出版社，2017。

［10］〔美〕伊恩·帕里、鲁德·德穆伊、迈克尔·基恩主编《缓解气候变化的财政政策：决策者指南》，李陶亚译，东北财经大学出版社，2016。

［11］〔美〕汤姆·蒂坦伯格、琳恩·刘易斯：《环境与自然资源经济学》（第十版），王晓霞等译，中国人民大学出版社，2016。

［12］王守荣主编《气候变化对中国经济社会可持续发展的影响与应对》，科学出版社，2011。

［13］王伟光、刘雅鸣主编《应对气候变化报告（2017）》，社会科学文献出版社，2017。

［14］王伟光、郑国光主编《应对气候变化报告（2016）》，社会科学文献出版社，2016。

［15］吴红梅、陈建成等编著《低碳经济概论》，中国林业出版社，2015。

［16］吴宗鑫、滕飞编著《第三次工业革命与中国能源向绿色低碳转型》，清华大学出版社，2015。

［17］薛进军、赵忠秀主编《中国低碳经济发展报告（2016）》，社会科学文献出版社，2016。

［18］〔英〕理查德·托尔：《气候经济学：气候、气候变化与气候政策经济分析》，齐建国、王颖婕、齐海英译，东北财经大学出版社，2016。

［19］于宏源：《低碳经济中的挑战与创新》，东北财经大学出版社，2015。

[20] 张其仔、郭朝先、杨丹辉等:《2050:中国的低碳经济转型》,社会科学文献出版社,2015。

[21] 张勇:《中国应对气候变化的政策与行动 2015 年度报告》,中国环境出版集团有限公司,2016。

二 期刊论文类

[1] 陈红敏:《从应对气候变化的国际博弈看中国的碳税发展前景》,《江苏大学学报》2012 年第 6 期。

[2] 陈艳华:《增强五个能力 发挥五个作用 切实强化气象在应对气候变化工作中的基础地位》,《浙江气象》2011 年第 2 期。

[3] 程叶青、王哲野:《中国能源消费碳排放强度及其影响因素的空间计量》,《地理学报》2013 年第 10 期。

[4] 冯存万:《人类命运共同体理念视角下的中国气候治理援助》,《领导科学论坛》2018 年第 2 期。

[5] 冯相昭、王敏等:《应对气候变化与生态系统保护工作协同性研究》,《生态经济》2018 年第 1 期。

[6] 戈华清、史军:《生态文明与气候治理——第三届气候变化与公共政策国际学术会议综述》,《阅江学刊》2013 年第 6 期。

[7] 葛全胜、方修琦等:《中国历史时期气候变化影响及其应对的启示》,《地球科学进展》2014 年第 1 期。

[8] 郭少青:《基于大数据治理对气候变化背景下城市可持续发展的对策研究》,《西南民族大学学报》(人文社会科学版)2018 年第 2 期。

[9] 何霄嘉、许伟宁:《德国应对气候变化管理机构框架初探》,《全球科技经济瞭望》2017 年第 4 期。

[10] 洪大用:《中国应对气候变化的努力及其社会学意义》,《社会学评论》2017 年第 3 期。

［11］胡剑波、任亚运：《国外低碳城市发展实践及其启示》，《贵州社会科学》2016 年第 4 期。

［12］华虹、王晓鸥：《城市应对气候变化规划初探》，《城市问题》2013 年第 7 期。

［13］黄静、胡宝清等：《用流域系统的观点看待广西西江流域石漠化及其治理》，《环境与可持续发展》2017 年第 4 期。

［14］江慧珍、朱红根：《气候变化对种植业的影响及应对策略》，《农业经济与科技》2014 年第 12 期。

［15］蒋佳妮、王文涛等：《应对气候变化需以生态文明理念构建全球技术合作体系》，《中国人口·资源与环境》2017 年第 1 期。

［16］李艳芳、张忠利：《欧盟温室气体排放法律规制及其特点》，《中国地质大学学报》2014 年第 5 期。

［17］林炫辰、李彦、李长胜：《美国加州应对气候变化的主要经验与借鉴》，《宏观经济管理》2017 年第 4 期。

［18］刘燕华、钱凤魁等：《应对气候变化的适应技术框架研究》，《中国人口·资源与环境》2013 年第 5 期。

［19］罗康智：《复合种养模式对石漠化灾变区生态恢复的启迪——以贵州省麻山地区为例》，《贵州社会科学》2017 年第 6 期。

［20］马彩虹、赵晶等：《基于 IPCC 方法的湖南省温室气体排放核算及动态分析》，《长江流域资源与环境》2015 年第 10 期。

［21］马翠萍、史丹等：《中国、美国、欧盟农业温室气体排放比较研究》，《中国社会科学院研究生院学报》2013 年第 2 期。

［22］彭浩：《基于主成分分析的广西碳排放影响因素实证研究》，《浙江农业科学》2017 年第 10 期。

［23］祁新华、叶士琳等：《生态脆弱区贫困与生态环境的博弈分析》，《生态学报》2013 年第 19 期。

［24］王谋：《加强中印应对气候变化合作：意义与合作领域》，《城

市与环境研究》2017 年第 3 期。

[25] 王遥：《我国应对气候变化的融资策略》，《中国流通经济》
2013 年第 6 期。

[26] 魏建洲、刘彦平：《生态建设工程中利益主体间的博弈模型——
以政府主导的退耕还林还草工程为例》，《中国沙漠》2016 年
第 3 期。

[27] 魏一鸣、米志付等：《气候变化综合评估模型研究新进展》，
《系统工程理论与实践》2013 年第 8 期。

[28] 吴濛等：《我国应对气候变化能力建设框架研究》，《科学创新
与应用》2017 年第 1 期。

[29] 谢守红、王利霞等：《国内外碳排放研究综述》，《干旱区地
理》2014 年第 4 期。

[30] 杨正林：《中国能源效率的影响因素研究》，华中科技大学博
士学位论文，2009。

[31] 杨志、陈军：《应对气候变化：欧盟的实现机制——温室气体
排放权交易体系》，《内蒙古大学学报》2014 年第 3 期。

[32] 於世成、杨俊敏：《中东地区国家应对气候变化法律与政策之
检视》，《河北法学》2017 年第 7 期。

[33] 张前、田红：《山东省低碳旅游发展对策研究》，《对外经贸》
2012 年第 2 期。

三 规划研究类

[1] 《北京市人民政府关于印发〈北京市"十三五"时期节能降耗
及应对气候变化规划〉的通知》（京政发〔2016〕34 号）。

[2] 《甘肃省人民政府办公厅关于印发〈甘肃省"十三五"节能和应
对气候变化规划〉的通知》（甘政办发〔2016〕115 号）。

[3] 《关于我区 2017 年国民经济和社会发展计划执行情况与 2018 年

国民经济和社会发展计划草案的报告》，2018 年 1 月。

［4］《广东省发展改革委关于印发〈广东省应对气候变化"十三五"规划〉的通知》（粤发改气候〔2017〕630 号）。

［5］《广西"十三五"省级低碳试点示范创建工作研究报告》。

［6］《广西壮族自治区发展和改革委员会关于开展全区低碳社区试点创建工作的通知》（桂发改气候〔2014〕1496 号）。

［7］《广西壮族自治区人民政府关于认定第五批广西现代特色农业（核心）示范区和第二批广西现代特色农业县级示范区、乡级示范园的决定》（桂政发〔2017〕63 号）。

［8］《广西壮族自治区政府工作报告》，2018 年 1 月。

［9］《国家发展改革委 住房城乡建设部关于印发开展气候适应型城市建设试点的通知》（发改气候〔2016〕1687 号）。

［10］《国家发展改革委关于印发〈国家应对气候变化规划（2014 ~ 2020 年）〉的通知》（发改气候〔2014〕2347 号）。

［11］《国务院关于印发〈"十三五"控制温室气体排放工作方案〉的通知》（国发〔2016〕61 号）。

［12］《湖北省人民政府关于印发〈湖北省应对气候变化和节能"十三五"规划〉的通知》（鄂政发〔2016〕62 号）。

［13］《湖南省人民政府办公厅关于印发〈湖南省应对气候变化中长期规划（2014 ~ 2020 年）〉的通知》（湘政办发〔2014〕120 号）。

［14］《江西省发展改革委关于印发〈江西省"十三五"应对气候变化规划〉的通知》（赣发改〔2016〕1551 号）。

［15］《内蒙古自治区人民政府办公厅关于印发〈内蒙古自治区"十三五"应对气候变化规划〉的通知》（内政办发〔2017〕69 号）。

［16］《农业部关于创建国家现代农业示范区的意见》（农计发〔2009〕33 号）。

［17］《上海市人民政府关于印发〈上海市节能和应对气候变化"十三

五"规划〉的通知》(沪府发〔2017〕12 号)。

[18]《生态文明体制改革总体方案》(中发〔2015〕25 号)。

[19]《浙江省发展改革委关于印发〈浙江省低碳发展"十三五"规划〉的通知》(浙发改规划〔2016〕283 号)。

[20]《中华人民共和国国民经济和社会发展第十三个五年规划纲要》,2016 年 3 月。

图书在版编目（CIP）数据

应对气候变化研究：广西策略与路径／尚毛毛，杨
鹏著. －－北京：社会科学文献出版社，2020.6
ISBN 978 - 7 - 5201 - 6327 - 9

Ⅰ.①应…　Ⅱ.①尚…②杨…　Ⅲ.①气候变化 - 研
究 - 广西　Ⅳ.①P467

中国版本图书馆 CIP 数据核字（2020）第 035935 号

应对气候变化研究
——广西策略与路径

著　　者／尚毛毛　杨　鹏

出 版 人／谢寿光
组稿编辑／恽　薇
责任编辑／冯咏梅

出　　版／社会科学文献出版社·经济与管理分社（010）59367226
　　　　　　地址：北京市北三环中路甲 29 号院华龙大厦　邮编：100029
　　　　　　网址：www. ssap. com. cn
发　　行／市场营销中心（010）59367081　59367083
印　　装／三河市尚艺印装有限公司

规　　格／开本：787mm×1092mm　1/16
　　　　　　印张：13.5　字数：176 千字
版　　次／2020 年 6 月第 1 版　2020 年 6 月第 1 次印刷
书　　号／ISBN 978 - 7 - 5201 - 6327 - 9
定　　价／138.00 元